# Cálculo de Indutância e de Força em Circuitos Elétricos

AF810864

**Marcelo Bueno**
**Andre Koch Torres Assis**

Apeiron
Montreal

Published by C. Roy Keys Inc.
4405, rue St-Dominique
Montreal, Quebec H2W 2B2 Canada
*http://redshift.vif.com*



Library and Archives Canada Cataloguing in Publication

Bueno, Marcelo de Almeida, author
Cálculo de indutância e de força em circuitos elétricos / Marcelo Bueno, André Koch Torres Assis. -- Segunda edição.

Includes bibliographical references.
Issued in print and electronic formats.
ISBN 978-1-987980-01-1 (paperback).--ISBN 978-1-987980-02-8 (pdf)

1. Electric circuits. 2. Inductance. 3. Force and energy. 4. Electromagnetism.
I. Assis, André Koch Torres, 1962-, author II. Title.

TK454.B84 2015 621.319'2 C2015-904878-8
C2015-904879-6

**Capa da frente:** A figura da capa ilustra a experiência da ponte de Ampère relacionada com as forças longitudinais entre condutores retos paralelos e colineares.

# Cálculo de Indutância e de Força em Circuitos Elétricos

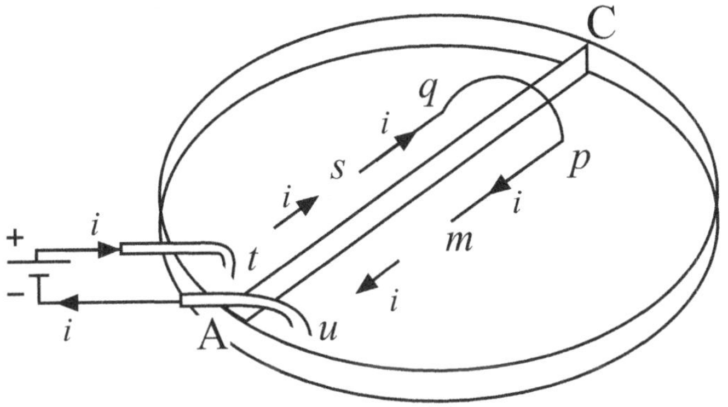


*Marcelo Bueno e Andre K. T. Assis*

Instituto de Física "Gleb Wataghin"
Universidade Estadual de Campinas — UNICAMP
13083-859 Campinas, São Paulo, Brasil

2ª edição

E-mails: marcelo@mybueno.com e assis@ifi.unicamp.br

Homepages: `<http://br.linkedin.com/in/marcelobueno>`
e `<www.ifi.unicamp.br/~assis>`

# Sumário


**Agradecimentos** 9

**Introdução à Segunda Edição** 11

## I Controvérsias 13

**1 Força de Ampère Versus Força de Grassmann** 15
- 1.1 Força e Tração em um Pedaço Retilíneo de um Circuito Fechado 19
- 1.2 Acelerador de Projéteis . . . . . . . . . . . . . . . . . . 23
- 1.3 Experiência da Ponte de Ampère . . . . . . . . . . . . . . 25

**2 Diferentes Fórmulas para a Energia de Interação entre Circuitos** 29

## II Cálculo de Indutância 33

**3 Coeficiente de Indutância** 35
- 3.1 Introdução . . . . . . . . . . . . . . . . . . . . . . . . 35
- 3.2 Elemento de Corrente . . . . . . . . . . . . . . . . . . . 36
- 3.3 Fórmula de Indutância de Neumann . . . . . . . . . . . . . 38
  - 3.3.1 Energia entre Elementos de Corrente . . . . . . . . . 38
  - 3.3.2 Fórmula de Neumann . . . . . . . . . . . . . . . . . 39
- 3.4 Fórmula de Indutância de Weber . . . . . . . . . . . . . . 40
  - 3.4.1 Energia de Weber entre Cargas Pontuais . . . . . . . 40
  - 3.4.2 Energia entre Elementos de Corrente . . . . . . . . . 42
  - 3.4.3 Fórmula de Weber . . . . . . . . . . . . . . . . . . 43
- 3.5 Fórmula de Indutância de Maxwell . . . . . . . . . . . . . 43

3.5.1 Energia de Darwin . . . . . . . . . . . . . . . . . . . . . 43
3.5.2 Energia entre Elementos de Corrente . . . . . . . . . . 45
3.5.3 Fórmula de Maxwell . . . . . . . . . . . . . . . . . . . 46
3.6 Fórmula de Indutância de Graneau . . . . . . . . . . . . . . . 46
3.6.1 Energia entre Elementos de Corrente . . . . . . . . . . 47
3.6.2 Fórmula de Graneau . . . . . . . . . . . . . . . . . . . 47
3.7 Equivalência Parcial . . . . . . . . . . . . . . . . . . . . . . 47

**4 Cálculo do Coeficiente de Indutância 51**
4.1 Introdução . . . . . . . . . . . . . . . . . . . . . . . . . . . 51
4.2 Descrição do Método Utilizado . . . . . . . . . . . . . . . . . 52
4.3 Comparação com Valores Conhecidos . . . . . . . . . . . . . . 54
4.3.1 Solenoide com Corrente Poloidal . . . . . . . . . . . . . 54
4.3.2 Casca Cilíndrica com Corrente Axial . . . . . . . . . . 58
4.3.3 Cabo Coaxial . . . . . . . . . . . . . . . . . . . . . . . 60

**5 Indutância em Diversas Configurações 65**
5.1 Corrente Elétrica Unidimensional . . . . . . . . . . . . . . . . 65
5.1.1 Fios Retilíneos e Paralelos . . . . . . . . . . . . . . . . 65
5.1.2 Fios Retilíneos e Perpendiculares . . . . . . . . . . . . 66
5.2 Corrente Elétrica Bidimensional . . . . . . . . . . . . . . . . . 67
5.2.1 Superfície Retangular . . . . . . . . . . . . . . . . . . . 68
5.2.2 Superfícies Retangulares em Contato . . . . . . . . . . 69
5.2.3 Circuito Retangular . . . . . . . . . . . . . . . . . . . . 71
5.3 Corrente Elétrica Tridimensional . . . . . . . . . . . . . . . . 73
5.3.1 Fio de Seção Reta Retangular . . . . . . . . . . . . . . 73
5.3.2 Circuito Retangular . . . . . . . . . . . . . . . . . . . . 75

**6 Equivalência Completa 79**
6.1 Preliminares . . . . . . . . . . . . . . . . . . . . . . . . . . . 79
6.2 Demonstrações da Equivalência . . . . . . . . . . . . . . . . . 82
6.2.1 Primeira Demonstração . . . . . . . . . . . . . . . . . . 82
6.2.2 Segunda Demonstração . . . . . . . . . . . . . . . . . . 85

**III Cálculo de Força 87**

**7 Força entre Elementos de Corrente 89**

7.1 Força de Ampère . . . . . . . . . . . . . . . . . . . . . . 89
7.1.1 Força de Weber . . . . . . . . . . . . . . . . . . 90
7.1.2 Expressão de Ampère . . . . . . . . . . . . . . . 92
7.2 Força de Grassmann . . . . . . . . . . . . . . . . . . . 94
7.2.1 Força de Liénard-Schwarzchild . . . . . . . . . . . 95
7.2.2 Expressão de Grassmann . . . . . . . . . . . . . . 97
7.3 Equivalência Parcial . . . . . . . . . . . . . . . . . . . 99
7.4 Descrição do Método . . . . . . . . . . . . . . . . . . . 103

**8 Força em Diversas Configurações 107**
8.1 Corrente Elétrica Unidimensional . . . . . . . . . . . . 107
8.1.1 Fios Paralelos . . . . . . . . . . . . . . . . . . . 107
8.1.2 Fios Perpendiculares . . . . . . . . . . . . . . . . 109
8.1.3 Circuito Retangular . . . . . . . . . . . . . . . . 112
8.2 Corrente Elétrica Bidimensional . . . . . . . . . . . . . 118
8.2.1 Circuito Retangular I . . . . . . . . . . . . . . . 118
8.2.2 Circuito Retangular II . . . . . . . . . . . . . . . 123
8.2.3 Circuito Retangular III . . . . . . . . . . . . . . 125
8.2.4 Comentários . . . . . . . . . . . . . . . . . . . . 128
8.3 Corrente Elétrica Tridimensional . . . . . . . . . . . . 131
8.3.1 Circuito Retangular . . . . . . . . . . . . . . . . 132
8.3.2 Comentários . . . . . . . . . . . . . . . . . . . . 137
8.4 Solenoide com Corrente Poloidal . . . . . . . . . . . . 139

**9 Equivalência Completa 143**
9.1 Efeito *Bootstrap* . . . . . . . . . . . . . . . . . . . . . 143
9.2 Demonstrações da Equivalência . . . . . . . . . . . . . 147
9.2.1 Primeira Demonstração . . . . . . . . . . . . . . 147
9.2.2 Segunda Demonstração . . . . . . . . . . . . . . 149
9.2.3 Terceira Demonstração . . . . . . . . . . . . . . 154

**10 Tópicos Finais 157**
10.1 Comparação com Valores Experimentais . . . . . . . . . 157
10.2 Força e Indutância . . . . . . . . . . . . . . . . . . . . 159
10.3 Força Longitudinal . . . . . . . . . . . . . . . . . . . . 161
10.3.1 Conclusões . . . . . . . . . . . . . . . . . . . . . 170
10.4 Questões Não Resolvidas e Perspectivas Futuras . . . . . . . . 171

11 Conclusões 175

IV Apêndices 179

A Método de Aproximação das Integrais 181

B Exemplo do Método de Aproximação 185

Referências Bibliográficas 189

# Agradecimentos

Agradecemos aos Drs. Waldyr A. Rodrigues Jr., Álvaro Vannucci, Ricardo M. O. Galvão, Iberê L. Caldas, Paulo H. Sakanaka, Jorge I. Cisneros, Márcio A. de Faria Rosa, Roberto J. M. Covolan, Guilhermo G. Cabrera Oyarzún, Edmundo Capelas de Oliveira e João Paulo M. d. C. Chaib pelas sugestões, referências, estímulo e apoio. Ao CNPq, FAEP e FAPESP pela ajuda financeira nos últimos anos. Aos Institutos de Física e de Matemática da UNICAMP pelo apoio na realização deste trabalho.

Este livro é dedicado à Mãe Joaninha e ao Vô Bastião (M. B.) e a André-Marie Ampère que com seu brilhante trabalho experimental e teórico criou a ciência da eletrodinâmica e cuja força entre elementos de corrente serviu de guia e de motivação para o surgimento da eletrodinâmica de Weber (A. K. T. A.).

Marcelo Bueno[1]
Andre K. T. Assis[2]

[1]Homepage: `<http://br.linkedin.com/in/marcelobueno>`; e-mail: marcelo@mybueno.com

[2]Endereço: Instituto de Física, UNICAMP, 13083-859 Campinas, SP, Brasil; homepage: `<www.ifi.unicamp.br/~assis>`; e-mail: assis@ifi.unicamp.br

# Introdução à Segunda Edição

Este livro trata de dois assuntos fundamentais do eletromagnetismo. O primeiro tema é o cálculo da força entre dois circuitos com corrente elétrica e o cálculo da força resultante em parte de um circuito fechado. Neste livro vamos comparar as forças de Ampère e de Grassmann para fazer estes cálculos. O segundo tema é o cálculo da indutância mútua entre dois circuitos (ou da energia magnética de interação entre ambos), assim como o cálculo da auto-indutância de um circuito único (ou da auto-energia de formação deste circuito). Vamos comparar as fórmulas de Neumann, Maxwell, Weber e Graneau para fazer estas contas.

Ele é voltado aos professores e estudantes de graduação e de pós-graduação dos cursos de física, engenharia elétrica, matemática, história e filosofia da ciência. Nosso objetivo é que ele seja adotado como um texto complementar nas disciplinas de eletromagnetismo, circuitos elétricos, métodos matemáticos da física, história e evolução dos conceitos da física. Com isto esperamos auxiliar na formação do espírito crítico dos estudantes e num aprofundamento do conhecimento deste ramo fundamental da ciência.

Utilizaremos o sistema internacional de unidades MKSA. Ao definirmos algum conceito ou grandeza, faremos uso de $\equiv$ como símbolo de definição.

A primeira edição deste livro, publicada em 1998,[3] encontra-se atualmente esgotada. Fizemos então esta segunda edição para tornar o livro novamente disponível. Fizemos algumas mudanças na estrutura e no conteúdo. Corrigimos alguns erros ortográficos, melhoramos as figuras, aumentamos o número das imagens, assim como incluímos uma quantidade bem maior de referências bibliográficas. Nesta segunda edição representaremos a força exercida pelo corpo $\jmath$ no corpo $\imath$ pelo símbolo $\vec{F}_{\jmath\imath}$, assim como foi feito na edição deste livro publicada em 2001 em língua inglesa.[4]

---

[3] [BA98a].

[4] [BA01].

# Parte I

# Controvérsias

# Capítulo 1

# Força de Ampère Versus Força de Grassmann

Dentre as possíveis expressões para o cálculo da força entre elementos de corrente, duas se destacam, a força de Ampère (1775-1836) e a força de Grassmann (1809-1877). A primeira foi obtida pelo próprio Ampère, entre 1820 e 1826, como resultado dos seus experimentos para explicar a descoberta de Oersted de 1820. A segunda foi uma proposta teórica feita por Grassmann em 1845. O trabalho de Oersted tem sido discutido por diversos autores[1] e já está traduzido em língua portuguesa.[2] A obra principal de Ampère foi publicada em 1826 e 1827.[3] Uma tradução parcial para a língua inglesa foi publicada em 1965.[4] Uma tradução completa e comentada em língua portuguesa foi publicada em 2011.[5] O artigo original de Grassmann é de 1845 e sua tradução para a língua inglesa foi publicada em 1965.[6] Existem diversas obras discutindo os trabalhos originais de Ampère e de Grassmann.[7]

No sistema internacional de unidades podemos escrever a força de Ampère, $d^2\vec{F}^A_{ji}$, e a força de Grassmann, $d^2\vec{F}^G_{ji}$, atuando no elemento de corrente $I_i d\vec{r}_i$, localizado no vetor posição $\vec{r}_i$ em relação à origem $O$ de um sistema de re-

---

[1] [Mar86], [Cha09], [AC11], [Ass13] e [Ass14].

[2] [Ørs86].

[3] [Amp26] e [Amp23].

[4] [Amp65].

[5] [AC11].

[6] [Gra45] e [Gra65].

[7] [Tri65], [Whi73, págs. 82-88], [Blo82], [Wes91], [GG93], [Gra85a], [Ass92b, Cap. 3], [GG93, Capítulo V], [Ass94, Cap. 4], [Gra94], [Ass94, Capítulo 4], [Ass95, Cap. 3], [GG96], [Ass99a, Capítulo 11] e [AC11].

ferência inercial, devida ao elemento de corrente $I_j d\vec{r}_j$, localizado em $\vec{r}_j$, como sendo dadas por, respectivamente:

$$d^2\vec{F}^A_{ji} = \frac{\mu_0 I_i I_j}{4\pi}\frac{\hat{r}_{ij}}{r^2_{ij}}\left[3(d\vec{r}_i \cdot \hat{r}_{ij})(d\vec{r}_j \cdot \hat{r}_{ij}) - 2(d\vec{r}_i \cdot d\vec{r}_j)\right] , \quad (1.1)$$

e

$$\begin{aligned} d^2\vec{F}^G_{ji} &= I_i d\vec{r}_i \times d\vec{B}_j(\vec{r}_i) = I_i d\vec{r}_i \times \left(\frac{\mu_0}{4\pi}\frac{I_j d\vec{r}_j \times \hat{r}_{ij}}{r^2_{ij}}\right) \\ &= \frac{\mu_0 I_i I_j}{4\pi}\frac{1}{r^2_{ij}}\left[(d\vec{r}_i \cdot \hat{r}_{ij})d\vec{r}_j - (d\vec{r}_i \cdot d\vec{r}_j)\hat{r}_{ij}\right] . \quad (1.2) \end{aligned}$$

Nestas expressões temos que $\mu_0 \equiv 4\pi \times 10^{-7} kgmC^{-2}$ é a permeabilidade no vácuo, $r_{ij} \equiv |\vec{r}_i - \vec{r}_j|$ é a distância entre os elementos de corrente, sendo $\hat{r}_{ij} \equiv \vec{r}_{ij}/r_{ij}$ o versor unitário apontando de $I_j d\vec{r}_j$ para $I_i d\vec{r}_i$. Na expressão de Grassmann, $d\vec{B}_j(\vec{r}_i)$ é o campo magnético em $\vec{r}_i$ devido ao elemento de corrente $I_j d\vec{r}_j$. Em alguns livros didáticos se afirma que esta expressão é devida a Biot e Savart em 1820. O trabalho deles já se encontra traduzido para a língua portuguesa.[8] O que eles obtiveram foi uma expressão fornecendo a suposta força exercida por um elemento de corrente de um fio ao atuar sobre um polo magnético de um ímã. Como eles não trabalharam com o conceito de campo magnético, vamos nos referir ao campo magnético $d\vec{B}_j(\vec{r}_i)$ da equação (1.2) como sendo o campo magnético devido a um elemento de corrente.

A força de Grassmann é compatível com a força de Lorentz (1895) e é a expressão utilizada na eletrodinâmica clássica. Dificilmente vemos qualquer referência à força de Ampère nos livros de eletrodinâmica de hoje. Apesar disto ela foi largamente aceita na época, como podemos constatar nesta declaração de Maxwell ao referir-se à equação (1.1):[9]

> A investigação experimental pela qual Ampère estabeleceu as leis da ação mecânica entre correntes elétricas é um dos feitos mais brilhantes da ciência. O conjunto de teoria e experiência aparece como que se tivesse pulado, crescido e armado, do cérebro do 'Newton da eletricidade'. Ele é perfeito na forma, e de acurácia

[8] [AC06].

[9] [Max54, Vol. 2, Artigo 528, pág. 175].

> irrefutável, e está resumido numa fórmula a partir da qual todos os fenômenos podem ser deduzidos, e que tem de sempre permanecer como a fórmula cardeal [mais importante] da eletrodinâmica.

Deve ser ressaltado também que Maxwell conhecia não apenas a força de Ampère, equação (1.1), mas também a de Grassmann, equação (1.2), pois a cita em sua obra principal.[10] Em sua obra principal, *Um Tratado de Eletricidade e Magnetismo*, Maxwell comparou estas duas expressões e duas outras que ele próprio havia sugerido teoricamente, chegando então à seguinte conclusão:[11]

> Destas quatro suposições a de Ampère é sem dúvida a melhor, já que ela é a única que faz com que a força nos dois elementos seja não apenas igual e oposta mas ao longo da reta que os une.

Ressaltamos duas características importantes que distinguem estas duas expressões. O princípio de ação e reação, $d^2\vec{F}_{ji} = -d^2\vec{F}_{ji}$, é sempre satisfeito pela força de Ampère enquanto que em geral não é satisfeito pela força de Grassmann. A violação do princípio de ação e reação poderia conduzir a eletrodinâmica clássica à não-conservação de momento linear. De acordo com Feynman, isto não ocorre por causa do momento linear armazenado no campo.[12]

A outra característica é que a força de Grassmann é sempre perpendicular à direção da corrente no elemento que sofre a força, qualquer que seja o valor e a direção do campo magnético. Isto significa que a expressão de Grassmann não permite interação longitudinal entre elementos de corrente colineares, o que é previsto com a força de Ampère.

Apesar destas diferenças, já se sabia desde o século XIX que as duas expressões são equivalentes quando se calcula a força resultante entre dois circuitos fechados. Por exemplo, sejam $C_i$ e $C_j$ dois circuitos fechados de formas arbitrárias nos quais circulam as correntes elétricas $I_i$ e $I_j$, respectivamente, como indicado na figura 1.1 (a). A força resultante exercida pelo circuito fechado $C_j$ sobre o circuito fechado $C_i$ tem o mesmo valor pelas expressões de Ampère e de Grassmann.

---

[10] [Max54, Vol. 2, Artigo 526, pág. 174].

[11] [Max54, Vol. 2, Artigo 527, pág. 174].

[12] [FLS64, Vol. 2, págs. 26–2 a 26–5 e 27–9 a 27–11].

de 1 A, fios de cobre com espessura de $1,2$ mm e circuito quadrado de lado 10 cm, foram medidas com balança de torção forças da ordem de $10^{-7}$ a $10^{-6}$ N. Já Moyssides com corrente contínua no intervalo de 35 a 140 A, fios de cobre com diâmetros de 1 a 3 mm e circuito retangular com comprimentos dos lados de 124 e 48 cm (situação da figura 1.3) mediu forças entre $10^{-3}$ e $10^{-2}$ N.

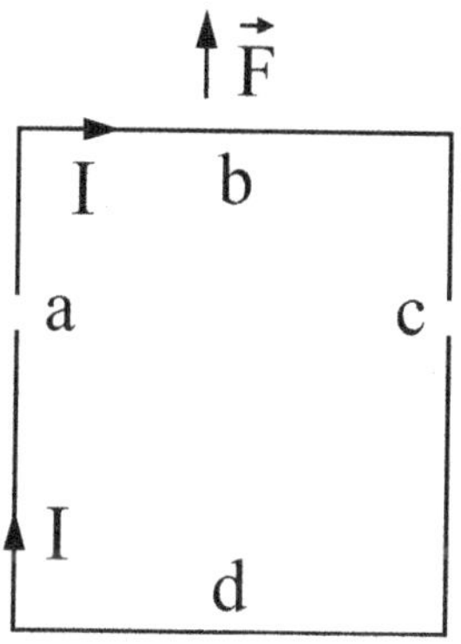


Figura 1.3: Circuito fechado *abcda* conduzindo corrente elétrica $I$. A parte *abc* é móvel, podendo se mexer em relação ao laboratório.

Além da força resultante, tem sido discutido recentemente a tração $T$ representada na situação da figura 1.2. De acordo com a força de Grassmann, $d\vec{F}^G = Id\vec{r} \times \vec{B}$, nunca pode haver uma força ao longo da direção da corrente, qualquer que seja o valor e a direção do campo magnético $\vec{B}$. Portanto, um segmento reto de com corrente, como o pedaço *abc* da figura 1.2 não deveria ficar tracionado. Por outro lado, se calcularmos com a expressão de Ampère a força entre *ab* e *bc* da figura 1.2, obteremos que as duas metades do pedaço retilíneo *abc* irão se repelir, podendo gerar uma tração $T$ no fio. Experimentos recentes têm comprovado a existência desta tração.

Os experimentos representados pela figura 1.2 são conhecidos como explosão de fios. Apesar de serem conhecidos relatos deste tipo de experimento desde 1774,[17] nas últimas décadas o maior interesse tem sido em tentativas teóricas para elucidar este fenômeno ainda sem uma explicação consensual. Destacamos aqui um experimento de Graneau.[18] Na figura 1.2 representa-

[17] [Cha59].
[18] [Gra83].

mos o esquema elétrico deste experimento de explosão de fios. Ele é bastante simples e com certeza pode ser realizado em laboratórios didáticos de física. Um pedaço de fio retilíneo de alumínio *abc* (com aproximadamente 1 mm de diâmetro) é conectado a uma fonte de alimentação (no caso um banco de capacitores) através de um circuito que pode ser representado pelo circuito aberto *cda*. O fio retilíneo *abc* está mecanicamente desconectado do restante do circuito por um espaço vazio ou intervalo de 1 cm de cada lado de suas extremidades. Ao se descarregar o banco de capacitores, são formados arcos elétricos nestes intervalos, que fecham a corrente no circuito e mantêm *abc* desconectado mecanicamente do restante do circuito. Ao se descarregar o banco de capacitores, gera-se pulsos de até 7000 A e o fio de 1 m de comprimento se rompe em diversos pedaços.

Uma explicação qualitativa para este fato pode ser o aquecimento e derretimento do fio por efeito Joule. No entanto, a análise microscópica da superfície dos fragmentos do fio revela que o rompimento ocorreu no estado sólido. Portanto, o rompimento não pode ser atribuído à fusão ou derretimento do fio advindo do aquecimento por efeito Joule. Outros dados quantitativos que os experimentos revelam são: a força que rompe o fio é proporcional à corrente no circuito elevada ao quadrado ($I^2$); o pedaço inicial de fio se rompe ao meio, sendo que cada uma das metades provenientes do pedaço inicial também se rompem ao meio, e assim sucessivamente para os fragmentos subsequentes; o processo de subdivisão dos fragmentos cessa quando o seu comprimento é da ordem de grandeza do diâmetro do fio.

Mais uma vez é inegável a existência de uma força de tração longitudinal à corrente no fio. Esta tração não pode ser explicada pela força de Grassmann. No entanto, com a utilização da força de Ampère, Graneau é capaz de explicar **quantitativamente** todos os resultados citados acima.

Algumas outras tentativas de explicação para este fenômeno também foram fornecidas. Ternan propôs ondas de choque (*stress waves*) provocadas por rápida expansão térmica no fio.[19] Contudo, esta explicação, segundo Graneau, não está de acordo com outros resultados experimentais que o próprio Graneau havia obtido.[20] Ivezić propôs um efeito "relativístico" relacionado com a invariância de carga.[21] Esta proposta foi refutada por Singal,[22] assim

[19] [Ter86].
[20] [Gra87c].
[21] [Ive90, Ive91, Ive92, Ive93].
[22] [Sin92, Sin93].

como foi refutada por Bartlett e Edwards.[23] Estas explicações, assim como outras supostas explicações já formuladas por outros cientistas, não foram capazes de elucidar quantitativamente os resultados acumulados nos diversos experimentos de explosão de fios já realizados.

Apenas para ilustrar como se tem explicado diversos destes fenômenos com a força de Ampère, mostramos na figura 1.4 um pedaço retilíneo de fio de comprimento $\ell$ e diâmetro $\omega$, no qual flui uma corrente $I$. O pedaço de fio de comprimento $\ell$ da figura 1.4 representa o pedaço $abc$ da figura 1.2. Dividimos o fio imaginariamente em duas partes 1 e 2 de comprimentos $x$ e $\ell - x$, respectivamente.

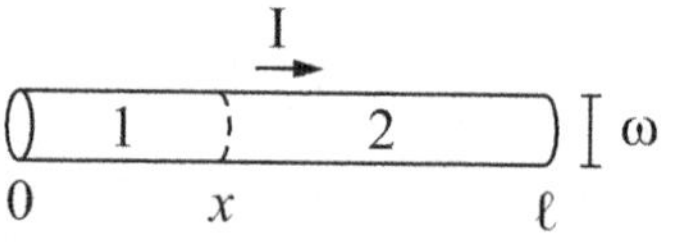


Figura 1.4: Pedaço de fio retilíneo dividido em duas partes.

Se calcularmos a força de 1 em 2 (ou vice-versa) com a expressão de Grassmann obteremos um resultado nulo. Por outro lado, a força entre 1 e 2 com Ampère é dada por (neste trabalho mostraremos os cálculos detalhados para chegar neste valor):

$$F \approx \frac{\mu_0 I^2}{4\pi}\left[\ln\left(\frac{x}{\omega}\right) + \ln\left(\frac{\ell - x}{\ell}\right) + C\right] , \tag{1.3}$$

onde $C$ é uma constante numérica adimensional cujo valor exato depende da geometria específica do fio (se sua seção reta é quadrada ou circular), mas que é dada aproximadamente por $0,5$. Esta força é de repulsão se $F > 0$ ou de atração se $F < 0$.

Vemos então que em geral esta força indica uma tração no fio. Além disto, a força é proporcional a $I^2$. Fixando $\ell$ e considerando (1.3) como função de $x$, achamos que o valor máximo de $F$ é obtido para $x = \ell/2$, indicando que neste ponto a tração é maior, sendo portanto ao redor deste ponto que o fio deve romper-se primeiro. Todos estes fatos são observados experimentalmente.[24] A ordem de grandeza desta força de tração pode ser obtida com os dados numéricos citados acima para o experimento do Graneau: $I = 7000$ A, $\ell = 1$

---

[23] [BE90].

[24] [Gra85a].

m, $\omega = 1,2$ mm, e $x = \ell/2$. Com isto obtemos $T \approx 30N/mm^2$. Este valor é da ordem de grandeza necessária para romper um fio de alumínio como neste caso.[25] Por último, vale ainda observar que a força de tração tende a zero quando $\ell \approx \omega$, indicando que o fio deve parar de se romper quando fica tão pequeno.

Até o momento nenhuma outra explicação já sugerida conseguiu explicar tantos fatos observacionais quanto esta explicação baseada na força de Ampère. Voltaremos a discutir este assunto mais adiante neste trabalho.

## 1.2 Acelerador de Projéteis

Outro tipo de experimento é conhecido como acelerador de projéteis ou *rail-gun*. Neste caso observa-se compressão ao invés de tração, como ocorria no caso do experimento de explosão de fios. Na figura 1.5 apresentamos uma descrição do circuito experimental. Temos um circuito retangular que é formado por condutores metálicos $A$ e $B$, chamados de trilhos *rails*, que estão fixos no laboratório através de uma lateral de madeira $D$ que suporta as forças laterais que devem existir tanto com a expressão de Ampère quanto com a de Grassmann; e um condutor $a$ que fecha o circuito e pode se movimentar sobre os trilhos, o projétil (*gun*). O circuito é alimentado por uma fonte de corrente $C$. Os condutores $B$ são finos e não resistem à compressão, ao contrário dos condutores grossos $A$. Os trilhos $A$ e $B$ estão rigidamente ligados entre si através dos pinos $p$.

Ao fecharmos a chave $S$, com o projétil fixo em relação ao laboratório, uma corrente circulará pelo circuito e os condutores $B$ serão deformados, como vemos nas fotos do artigo de Graneau.[26] No caso deste experimento foram utilizados bancos de capacitores de $8\mu$F carregados até 80 kV, gerando pulsos de corrente com pico de 100 kA. O comprimento do projétil era de 25 cm, do trilho $A$ de 200 cm e do trilho $B$ de 30 cm, todos feitos de cobre.

Se calcularmos a força no projétil devida ao circuito todo com as expressões de Ampère e Grassmann encontraremos o mesmo resultado: a força é perpendicular ao projétil e no sentido que faz com que o seu movimento aumente a área do retângulo. E a reação a esta força, onde é aplicada? Nos trilhos $A$ e $B$, na fonte $C$, ou no campo eletromagnético? Uma possível explicação dada é que a reação estaria armazenada no campo magnético

[25] [Gra63, pág. 48].

[26] [Gra87a].

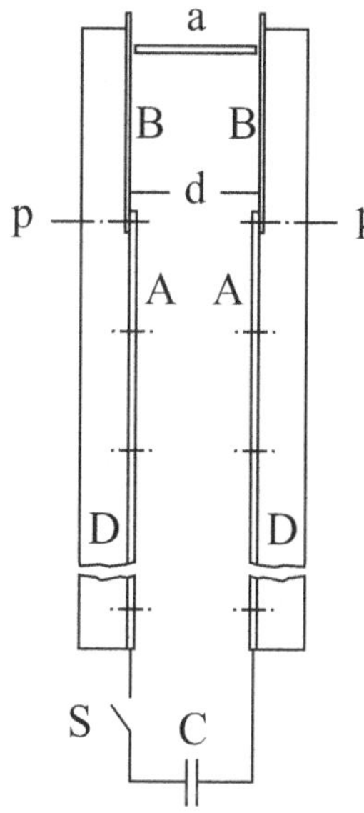


Figura 1.5: Desenho esquemático do circuito em um experimento do tipo *railgun*, adaptado de um artigo de Graneau, [Gra87a].

em forma de radiação. Esta explicação, no entanto, viola a conservação de momento linear e energia, como demonstrado por diversos autores.[27] Por outro lado é inegável destas experiências que os trilhos $B$ sofreram a ação de um força de compressão longitudinal, como indicado, por exemplo, pela deformação destes trilhos. Esta compressão não se deve à força de Grassmann (pois esta força é sempre perpendicular à direção da corrente). Segundo Graneau, esta compressão pode ser quantitativamente explicada pela força de Ampère.[28] Isto deve-se ao fato da força do projétil $a$ nos trilhos $B$ ter uma componente vertical de acordo com a expressão de Ampère, apontando de $a$ para $C$, que tenderia a comprimir os trilhos $B$, pois estes estão rigidamente ligados aos trilhos $A$ pelos pinos $p$.

Como podemos ver, tanto a experiência da figura 1.2 quanto a experiência das figuras 1.3 e 1.5, demonstram a existência de uma força longitudinal, ou seja, ao longo da direção da corrente no condutor. A força de Grassmann

[27] [Pap83, Gra87b, Ass92c].

[28] [Gra87a].

não pode ser a responsável por tal força como dissemos anteriormente. Neste trabalho vamos discutir se a expressão de Ampère pode ou não explicar tais exemplos.

## 1.3 Experiência da Ponte de Ampère

O circuito da figura 1.3 é conhecido como ponte de Ampère. Apresentamos aqui uma história resumida desta experiência.[29]

Ampère obteve a expressão final da sua força entre elementos de corrente em 1822.[30] Esta força está representada em notação moderna na equação (1.1). Duas semanas após apresentar à Academia de Ciências de Paris sua fórmula final, ele obteve uma consequência notável desta expressão:[31]

> [...] duas pequenas porções [de corrente] devem se repelir quando elas se encontram sobre uma mesma reta, e quando elas [as correntes] são dirigidas em direção ao mesmo ponto do espaço. [...] A repulsão, neste caso, era uma coisa tão inesperada que era necessário verificá-la; fiz depois a experiência com o Sr. Auguste de la Rive, e ela foi completamente bem-sucedida.

Esta experiência com Auguste de la Rive foi realizada em Genebra em setembro de 1822, figura 1.6 (a). Essa figura aparece no artigo de Auguste de la Rive,[32] assim como nos trabalhos de Ampère.[33] Ela é usualmente denominada de *experiência da ponte de Ampère.*

A descrição de Auguste de la Rive é bem clara sobre a previsão teórica, sobre o que ocorre na experiência e sobre a interpretação do fenômeno:[34]

> Durante sua estada em Genebra o Sr. Ampère, tendo tido a oportunidade de realizar algumas experiências novas, desejou que eu apresentasse duas principais e importantes na sequência desta Memória.
>
> A primeira é uma confirmação dos pontos de vista teóricos do Sr. Ampère que, partindo de sua fórmula, foi levado a concluir que duas

[29] [Cha09] e [AC11, Seções 8.2 e 21.2].

[30] [Amp22a], [Amp22b] e [Amp85b].

[31] [Amp22a, p. 420].

[32] [dlR22b] e [dlR22a].

[33] [Amp85a], [Amp26, p. 39 e figura 8] e [Amp23, Amp90, p. 211 e figura 8].

[34] [dlR22b, pp. 46-47] e [dlR22a, pp. 46-47].

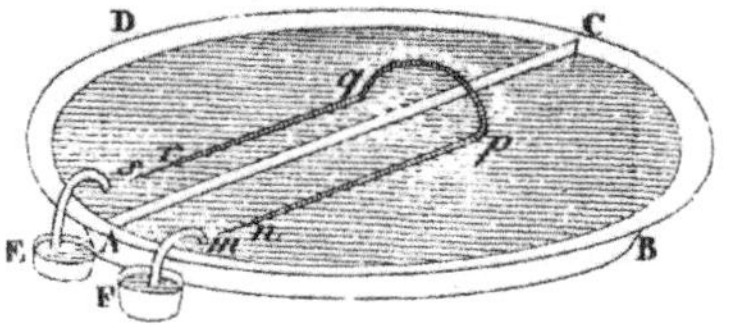


(a)

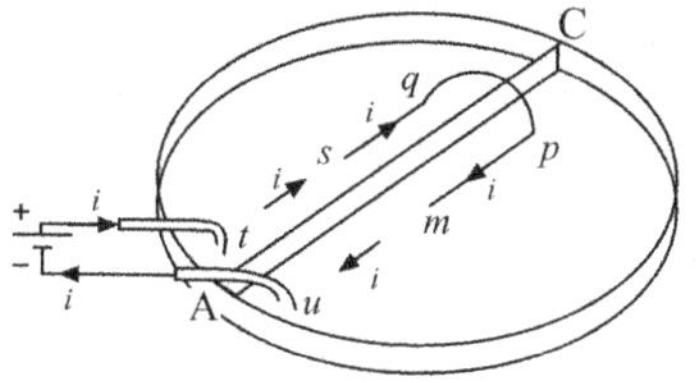


(b)

Figura 1.6: (a) Experiência da ponte de Ampère. (b) Ilustração moderna desta experiência com a ponte sendo representada pelo segmento $sqpm$, [AC11, pág. 157].

> porções de corrente dirigidas no mesmo sentido ao longo da mesma reta devem se repelir, e que todas as porções de uma mesma corrente devem se repelir umas às outras.
>
> Com efeito, sobre um prato $ABCD$, [figura 1.6 (a),] separado em dois compartimentos iguais pela divisão $AC$ [feita de um material isolante], com cada compartimento cheio de mercúrio, coloca-se um fio de latão recoberto de seda, cujos ramos $qr$ e $pn$ podem flutuar sobre o mercúrio paralelamente à divisão $AC$. As extremidades nuas $rs$ e $mn$ mergulham no mercúrio. Ao ligar os polos [da bateria] nas cápsulas $E$ e $F$, estabelecem-se duas correntes independentes uma da outra, nas quais cada uma [das correntes] tem por condutor uma parte do mercúrio e uma parte sólida. Qualquer que seja a direção da corrente, observam-se sempre os dois fios $rq$ e $pn$ moverem-se paralelamente à divisão $AC$ [indo] para o lado oposto ao qual ela chega, o que indica uma repulsão para cada fio entre a corrente estabelecida no mercúrio e seu prolongamento no próprio fio.

Para facilitar a compreensão da experiência foi feita a figura 1.6 (b).[35] A ponte de Ampère é representada pelo segmento $sqpm$. Quando flui uma corrente no circuito, seja no sentido horário ou anti-horário, a ponte vai de $A$ para $C$. De acordo com Ampère, a explicação para esse movimento é principalmente devida à repulsão que ocorre entre a corrente $i$, no segmento $ts$ do mercúrio, e a corrente $i$, no segmento $sq$ da ponte, assim como à repulsão entre a corrente $i$, no segmento $um$ do mercúrio, e a corrente $i$, no segmento $mp$ da ponte.

[35][AC11, pág. 157].

De acordo com a expressão de Grassmann, equação (1.2), não há força entre elementos de corrente alinhados e paralelos. Desta forma o segmento $ts$ da figura 1.6 (b) não exerce força no segmento $sq$ da ponte, assim como o segmento $um$ não exerce força no segmento $mp$ da ponte. Por outro lado, a experiência de Ampère mostra que a ponte $sqpm$ vai de $A$ para $C$ quando flui uma corrente no circuito. Como explicar então com a expressão de Grassmann a força exercida sobre a ponte nesta experiência? Este é um dos temas principais deste livro.

Esta é uma das experiências mais importantes de Ampère. Ela continua sendo discutida na literatura até os dias de hoje.[36]

[36] [AB96], [BA98a] e [BA01].

# Capítulo 2

# Diferentes Fórmulas para a Energia de Interação entre Circuitos

Outra forma de se calcular a força entre dois circuitos fechados e distintos conduzindo correntes constantes utiliza o gradiente de uma energia de interação entre os circuitos.[1] Desta energia podemos derivar um fator que depende puramente da geometria dos circuitos, sendo conhecido como indutância mútua. O primeiro a introduzir tal conceito foi Franz Neumann em 1845.[2] Podemos estender este conceito de coeficiente de indutância a um circuito único, obtendo então a auto-indutância do circuito.

Sejam, por exemplo, dois circuitos rígidos circulares $C_1$ e $C_2$ de raios $R_1$ e $R_2$ por onde circulam as correntes $I_1$ e $I_2$, respectivamente. Os circuitos estão centrados ao longo do eixo $z$, com seus centros separados pela distância $z$. Eles estão localizados em planos paralelos entre si, ortogonais ao eixo $z$, como representado na figura 2.1.

Para calcular a força entre eles pode-se integrar as expressões de Ampère ou de Grassmann. Na prática, o procedimento utilizado na maioria dos casos não é este. Ao invés disto, utiliza-se $\vec{F} = \nabla U^N \equiv I_1 I_2 \nabla M^N$, onde $U^N = I_1 I_2 M^N$ é a energia de interação entre os circuitos e $M^N$ o coeficiente de indutância mútua de Neumann. Estas grandezas $U^N$ e $M^N$ são dadas por:

[1][Ass94, págs. 98-102] e [Ass95, págs. 112-113].

[2][Whi73, págs. 198–205 e 230–236].

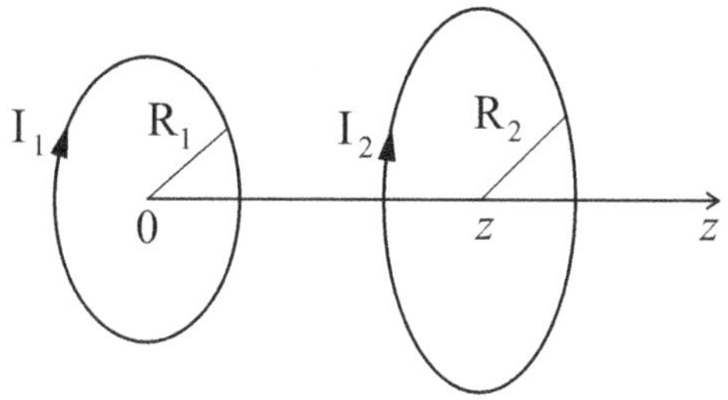


Figura 2.1: Dois circuitos circulares.

$$U^N = I_1 I_2 M^N = \frac{\mu_0 I_1 I_2}{4\pi} \oint_{C_1} \oint_{C_2} \frac{d\vec{r}_1 \cdot d\vec{r}_2}{r_{12}} . \tag{2.1}$$

Para a aproximação $z \gg R_1$ e $z \gg R_2$ temos:

$$U^N \approx \frac{\mu_0 I_1 I_2}{2\pi} \frac{(\pi R_1^2)(\pi R_2^2)}{z^3} , \tag{2.2}$$

tal que a força entre os circuitos ao longo do eixo $z$, $F = \partial U^N / \partial z$, resulta:

$$F \approx -\frac{3\mu_0 I_1 I_2}{2\pi} \frac{(\pi R_1^2)(\pi R_2^2)}{z^4} . \tag{2.3}$$

A força será atrativa ou repulsiva dependendo dos sentidos das correntes em cada circuito. Calculando esta força com as expressões de Ampère e Grassmann obtemos exatamente o mesmo resultado que aquele dado pela equação (2.3).

Como o coeficiente de indutância já está tabulado para diversas geometrias e é uma grandeza escalar, este procedimento para calcular a força é muito mais simples que integrar diretamente as expressões de força de Ampère ou Grassmann.

Em seguida à expressão de Neumann, surgiram as expressões de Weber e Maxwell para a energia de interação $d^2U$ entre dois elementos de corrente, $I_1 d\vec{r}_1$ e $I_2 d\vec{r}_2$. Alguns autores já discutiram estas várias expressões.[3] Mais recentemente foi proposta uma quarta fórmula por Graneau.[4] Todas elas podem ser escritas como:

[3][Woo68], [Wis81], [Arc89] e [Whi73, págs. 233-234].

[4][Gra85a, pág. 212].

$$d^2U_{12} = \frac{\mu_0 I_1 I_2}{4\pi}\left[\frac{1+k}{2}\frac{(d\vec{r}_1 \cdot d\vec{r}_2)}{r_{12}} + \frac{1-k}{2}\frac{(\hat{r}_{12}\cdot d\vec{r}_1)(\hat{r}_{12}\cdot d\vec{r}_2)}{r_{12}}\right] . \tag{2.4}$$

Com $k = 1$ obtemos a expressão de Neumann, com $k = -1$ obtemos a expressão de Weber, com $k = 0$ obtemos a expressão de Maxwell e com $k = -5$ obtemos a expressão de Graneau.

Neumann apenas utilizou a fórmula integrada apresentada em (2.1) ao observar que a expressão de Ampère, ao ser integrada para dois circuitos fechados, pode ser escrita como:

$$\vec{F} = \frac{\mu_0 I_1 I_2}{4\pi}\oint_{C_1}\oint_{C_2}\frac{\hat{r}_{12}}{r_{12}^2}(d\vec{r}_1 \cdot d\vec{r}_2) . \tag{2.5}$$

Sendo $\hat{r}_{12}/r_{12}^2 = \nabla_1(1/r_{12})$, pode-se entender como ele chegou em sua expressão. Já a fórmula de Weber foi obtida a partir da eletrodinâmica de Weber, como veremos em seguida. Deve ser observado ainda que a força de Ampère pode ser deduzida da eletrodinâmica de Weber, mas que não é possível deduzir a força de Grassmann entre elementos de corrente a partir da força de Weber entre cargas elétricas. A expressão de Maxwell foi a terceira a surgir. Neste trabalho veremos que ela pode ser deduzida da lagrangiana de Darwin, sendo portanto a única expressão compatível com a teoria da relatividade de Einstein. Deve ser observado ainda que a força de Grassmann pode ser deduzida da lagrangiana de Darwin, sendo que da lagrangiana de Darwin não é possível deduzir a força de Ampère entre elementos de corrente. Já a expressão de Graneau foi introduzida para que se pudesse derivar a força de Ampère entre elementos de corrente (e não necessariamente entre dois circuitos fechados como no caso de Neumann) através da expressão $d^2\vec{F}^A \equiv \hat{r}\partial(d^2U)/\partial r$, onde $d^2U$ é a energia entre os elementos de corrente que vai satisfazer a esta relação.

Assim como ocorria com as expressões de Ampère e Grassmann, também se sabia desde o século XIX que ao se integrar a equação (2.4) para obter a energia de interação entre dois circuitos fechados de formas arbitrárias, como aqueles representados pela figura 1.1 (a), o resultado era independente de $k$. Portanto, obtém-se o mesmo valor da energia de interação entre dois circuitos fechados com as fórmulas de Neumann, Weber e Maxwell, o mesmo valendo para a indutância mútua entre estes dois circuitos. Por outro lado, até o momento não se sabe se esta concordância vale para a auto-energia de formação de um circuito único. Também não se saber se a auto-indutância

de um circuito fechado de forma arbitrária calculada por todas estas fórmulas vai ser a mesma. Este é o outro assunto pesquisado neste trabalho. Além de resolvermos esta questão teórica, apresentamos também um método para o cálculo da auto-indutância que proporciona resultados algébricos de forma exata ou com a precisão desejada. Este é um grande avanço de ordem prática em relação aos métodos de aproximação usuais.

Dividimos a apresentação deste trabalho em duas partes. Começaremos a primeira parte com os resultados para o coeficiente de indutância. Na segunda parte deste trabalho discutiremos os resultados para as expressões de força entre elementos de corrente.

# Parte II

# Cálculo de Indutância

# Capítulo 3

# Coeficiente de Indutância

## 3.1 Introdução

O conceito de coeficiente de indutância (auto-indutância ou indutância mútua) surge, por exemplo, quando estudamos a energia de interação entre circuitos elétricos. Esta energia de interação possui um fator que depende única e exclusivamente da geometria dos circuitos. Este fator é denominado auto-indutância quando analisamos a auto-energia de um circuito, sendo denominado de indutância mútua quando a interação é entre circuitos distintos.

Estudaremos neste trabalho quatro fórmulas para o cálculo do coeficiente de indutância. São elas: a de Neumann, a de Weber, a de Maxwell, e a de Graneau. As três primeiras são conhecidas desde o fim do século XIX, enquanto que a última é uma proposta recente.

Além da importância teórica do coeficiente de indutância, ele tem uma grande utilização prática. O projeto de indutores ou o cálculo da indutância de determinados circuitos são problemas práticos encontrados em engenharia elétrica, principalmente na área de comunicação. A força entre circuitos com corrente elétrica também é obtida, em geral, a partir do coeficiente de indutância.

A equivalência entre as fórmulas de Neumann, Weber e Maxwell para o cálculo da indutância mútua entre circuitos fechados conduzindo correntes constantes é um resultado que já foi estabelecido no passado.[1] Mostraremos que esta equivalência se estende para o caso da auto-indutância de um único circuito de corrente fechado para todas estas fórmulas. Este é um resultado

[1] [Dar93], [Ass94, Seção 4.6] e [Ass95, pág. 90].

novo.

Outro resultado que apresentamos nesta parte é uma técnica para o cálculo do coeficiente de indutância. Uma das vantagens que este método proporciona é a obtenção, a princípio, de resultados exatos e algébricos. Faremos uma comparação dos resultados obtidos com este método, com os obtidos tradicionalmente por métodos de aproximação.

## 3.2 Elemento de Corrente

Definimos aqui o conceito de elemento de corrente que utilizaremos por diversas vezes neste trabalho. Uma discussão mais detalhada sobre este tópico pode ser encontrada em diversos trabalhos.[2]

Este conceito permitiu a unificação da eletrostática (força de Coulomb) com a eletrodinâmica (força de Ampère). A forma como o utilizamos hoje é fruto de uma suposição atomística sobre a concepção da corrente elétrica (supor que a corrente é devida ao movimento das cargas) e da hipótese de Fechner. Esta hipótese afirma que a corrente elétrica em condutores metálicos é formada por densidades iguais de cargas positivas e negativas se movimentando em sentidos opostos e com mesma velocidade em relação ao fio. Hoje sabemos que esta hipótese não é verdadeira.[3] É fácil corrigir este modelo supondo que apenas as cargas negativas são responsáveis pela corrente, permanecendo as cargas positivas em repouso com relação ao fio.[4] Neste trabalho utilizamos esta última hipótese de que apenas as cargas negativas se deslocam em relação ao condutor metálico.

A corrente elétrica em condutores metálicos é constituída por íons positivos fixos na rede cristalina e elétrons livres que se movimentam através do condutor. Além disso, assumimos que não existe uma carga resultante em cada elemento de corrente, supondo que ele seja neutro eletricamente. Esta é uma visão ingênua da verdadeira constituição do interior de um condutor metálico, mas que é extremamente útil quando estamos interessados na análise dos resultados macroscópicos. Mas é uma suposição que não é realmente verdadeira, já que existem cargas elétricas distribuídas ao longo da superfície do fio condutor, caso este fio seja resistivo. Os primeiros cientistas a chegarem a esta conclusão parecem ter sido Gustav Kirchhoff e Wilhelm

[2] [Gra85a], [Ass94, Seção 4.2] e [Ass95, Seção 3.2].

[3] Leia mais sobre a hipótese de Fechner na Parte II, Subseção 7.1.2.

[4] [Ass90] e [Ass94, Seção 4.2].

Weber.[5] Discutimos este tema em diversos trabalhos.[6] Contudo, como a força coulombiana entre dois elementos de corrente devida a estas cargas superficiais é muito menor do que a força de Ampère, é razoável desprezar estas cargas superficiais.[7] Também o interior de um fio conduzindo corrente constante não é eletricamente neutro na realidade. Devido ao efeito Hall radial gerado pelo campo magnético poloidal dentro do fio, a parte interna do fio fica eletrizada negativamente no caso de correntes constantes.[8] Mas como esta densidade volumétrica de cargas negativas é muito pequena, é razoável desprezar este efeito nas condições que serão estudadas neste livro.[9]

Seja então um circuito elétrico $\Gamma$ onde flui uma corrente $I$. Um elemento de corrente deste circuito é representado por $Id\vec{r}$, onde $dr \equiv |d\vec{r}|$ é o comprimento infinitesimal deste elemento e $d\vec{r}$ aponta na direção da corrente, tangencialmente em cada ponto do circuito. Supomos que cada elemento de corrente é composto de cargas positivas e negativas: $dq_+$ e $dq_-$. As velocidades médias destas cargas em relação a um referencial $O$ são representadas por $\vec{v}_+$ e $\vec{v}_-$, respectivamente. Em termos de suas cargas e velocidades, um elemento de corrente é então definido por:

$$Id\vec{r} \equiv dq_+\vec{v}_+ + dq_-\vec{v}_- = dq_+(\vec{v}_+ - \vec{v}_-) \ . \tag{3.1}$$

Nesta última igualdade utilizamos a neutralidade elétrica do elemento de corrente, $dq_- = -dq_+$.

Caso o fio esteja em repouso em relação ao referencial $O$, teremos $\vec{v}_+ = \vec{0}$, já que supomos as cargas positivas paradas em relação ao fio. Neste caso $\vec{v}_-$ será a velocidade de arraste ou de *deslocamento* dos elétrons: $\vec{v}_- = \vec{v}_d$, onde $\vec{v}_d$ é a velocidade média dos elétrons em relação ao fio. Mesmo quando o fio ou o elemento de corrente se move com velocidade $\vec{V}$ em relação ao referencial $O$ teremos $\vec{v}_+ - \vec{v}_- = -\vec{v}_d$, já que $\vec{v}_+ = \vec{V}$ e $\vec{v}_- = \vec{V} + \vec{v}_d$.

Se tratarmos o fio como sendo composto por elementos de corrente lineares (desprezando sua seção reta comparada com seu comprimento), teremos:

$$dq_+ = \lambda_+ dr \ , \tag{3.2}$$

---

[5] [Kir49] com tradução para a língua inglesa em [Kir50], [Kir57b] com tradução para a língua inglesa em [Kir57a], [Kir57c] com tradução para a língua inglesa em [GA94], e [Web52b].

[6] [ARM99], [AC98], [AC00], [AH99b], [AH99a], [AM99], [AH07], [AH09] e [AH13].

[7] [ARM99].

[8] [ARM99].

[9] [AH99b].

onde $\lambda_+$ é a densidade linear de carga positiva no fio. Neste caso:

$$I d\vec{r} = \lambda_+ (\vec{v}_+ - \vec{v}_-) dr \; . \tag{3.3}$$

## 3.3 Fórmula de Indutância de Neumann

Com o objetivo de explicar o fenômeno da indutância de Faraday com a utilização da força entre elementos de corrente de Ampère, F. Neumann realizou um desenvolvimento teórico que levou ao conceito de potencial vetor e coeficiente de indutância. Não apresentaremos aqui o caminho que Neumann seguiu para partir da teoria de Ampère e chegar a uma teoria que explicasse a indução de Faraday. Ao leitor interessado indicamos a leitura do livro de Whittaker.[10]

### 3.3.1 Energia entre Elementos de Corrente

Sejam os elementos de corrente $I_1 d\vec{r}_i$ e $I_2 d\vec{r}_j$ localizados nos vetores posição $\vec{r}_i$ e $\vec{r}_j$ em relação à origem $O$ de um sistema de referência inercial, com correntes $I_1$ e $I_2$, respectivamente, figura 3.1.

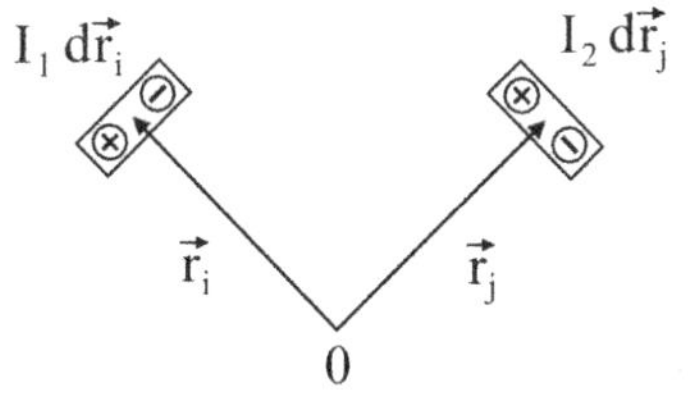


Figura 3.1: Elementos de corrente.

A energia de Neumann $d^2 V_{ij}^N$ entre eles é dada por:[11]

$$d^2 V_{ij}^N = \frac{\mu_0}{4\pi} I_1 I_2 \frac{d\vec{r}_i \cdot d\vec{r}_j}{r_{ij}} \; . \tag{3.4}$$

[10][Whi73, págs. 198–205 e 230–236].

[11][Whi73, pág. 233].

### 3.3.2 Fórmula de Neumann

Considere dois circuitos fechados $\Gamma_1$ e $\Gamma_2$ com correntes $I_1$ e $I_2$, respectivamente. Um elemento de corrente do circuito $\Gamma_1$ é $I_1 d\vec{r}_i$ localizado no vetor posição $\vec{r}_i$, enquanto que um elemento do circuito $\Gamma_2$ é $I_2 d\vec{r}_j$ localizado em $\vec{r}_j$, figura 3.2.

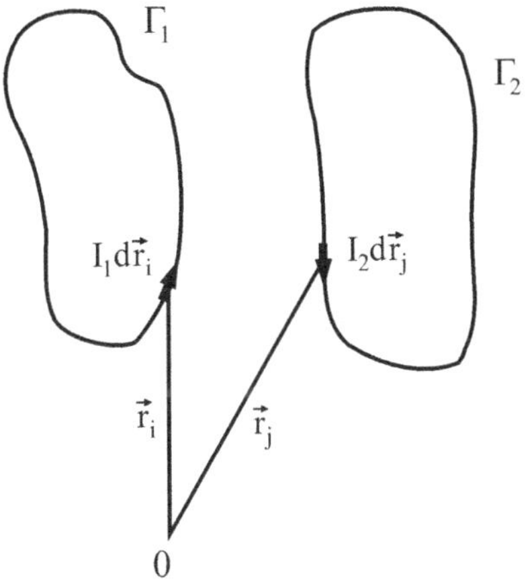


Figura 3.2: Circuitos fechados $\Gamma_1$ e $\Gamma_2$ com elementos de corrente $I_1 d\vec{r}_i$ e $I_2 d\vec{r}_j$, respectivamente.

A energia de interação $V_{12}^N$ entre os circuitos $\Gamma_1$ e $\Gamma_2$ é obtida integrando a equação (3.4) para os circuitos $\Gamma_1$ e $\Gamma_2$:

$$V_{12}^N = \frac{\mu_0}{4\pi} I_1 I_2 \oint_{\Gamma_1} \oint_{\Gamma_2} \frac{d\vec{r}_i \cdot d\vec{r}_j}{r_{ij}} \ . \tag{3.5}$$

Podemos então escrever a energia $V_{12}^N$ como $I_1 I_2 M_{12}^N$, onde $M_{12}^N$ é o coeficiente geométrico denominado indutância mútua. Portanto, da equação (3.5) obtém-se que:

$$M_{12}^N \equiv \frac{\mu_0}{4\pi} \oint_{\Gamma_1} \oint_{\Gamma_2} \frac{d\vec{r}_i \cdot d\vec{r}_j}{r_{ij}} = M_{21}^N \ . \tag{3.6}$$

## 3.4 Fórmula de Indutância de Weber

Antes de apresentarmos a fórmula de Weber para o coeficiente de indutância vamos apresentar a energia de Weber.

### 3.4.1 Energia de Weber entre Cargas Pontuais

A energia potencial eletrodinâmica de Weber é uma generalização da energia potencial coulombiana. Enquanto que a última se aplica a cargas em repouso entre si, a primeira é uma proposta para descrever a interação eletrodinâmica entre partículas carregadas em movimento mútuo, se afastando ou se aproximando.

O trabalho fundamental de Weber é de 1846.[12] O artigo de Weber de 1846 foi o primeiro dentre oito grandes publicações suas entre 1846 e 1878 sob o título geral da série: Determinação das medidas eletrodinâmicas.[13] A oitava Memória só foi publicada postumamente em suas obras completas. Três destas oito Memórias principais já foram traduzidas para a língua inglesa, a saber, a primeira, *Determinações de medidas eletrodinâmicas: Sobre uma lei universal da ação elétrica*;[14] a sexta, *Medidas eletrodinâmicas—Sexta Memória, relacionada especialmente ao princípio de conservação da energia*;[15] e a oitava, *Determinações de medidas eletrodinâmicas: Particularmente com relação à conexão das leis fundamentais da eletricidade com a lei da gravitação*.[16] Em 1848 foi publicada uma versão resumida da primeira Memória,[17] que também já foi traduzida para a língua inglesa, *Sobre a medida das forças eletrodinâmicas*.[18] Foi neste trabalho de 1848 que Weber apresentou pela primeira vez sua expressão para a energia potencial entre duas cargas elétricas.

As obras completas de Weber em língua alemã foram publicadas em seis volumes.[19] Existem traduções para a língua inglesa de vários de seus tra-

[12] [Web46] com tradução para a língua inglesa em [Web07].
[13] [Web46], [Web52b], [Web52a], [KW57], [Web64], [Web71], [Web78] e [Web94b].
[14] [Web07].
[15] [Web72].
[16] [Web08].
[17] [Web48].
[18] [Web66].
[19] [Web94a].

balhos.[20] Um de seus artigos já foi traduzido para a língua portuguesa.[21] Diversas obras recentes apresentam discussões modernas da eletrodinâmica de Weber.[22]

Considere duas cargas pontuais $q_1$ e $q_2$ localizadas, respectivamente, nos vetores posição $\vec{r}_1$ e $\vec{r}_2$ em relação à origem $O$ de um referencial inercial $O$, figura 3.3.

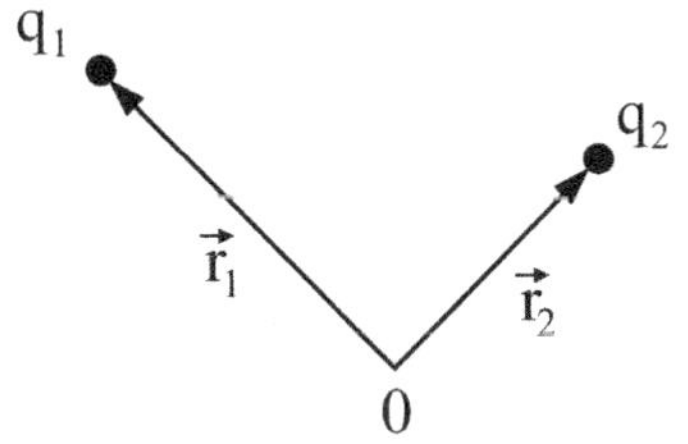


Figura 3.3: Cargas $q_1$ e $q_2$ localizadas respectivamente em $\vec{r}_1$ e $\vec{r}_2$.

A energia potencial eletrodinâmica $V_{12}^W$ entre estas cargas, proposta por Weber, é dada por:[23]

$$V_{12}^W = \frac{q_1 q_2}{4\pi\epsilon_0} \frac{1}{r_{12}} \left( 1 - \frac{\dot{r}_{12}^2}{2c^2} \right) , \tag{3.7}$$

onde $\epsilon_0 = 8,85 \times 10^{-12}\ C^2 N^{-1} m^{-2}$ é a permissividade no vácuo, $\dot{r}_{12} \equiv dr_{12}/dt$ é a velocidade radial entre as cargas, sendo $c = 1/\sqrt{\mu_0 \epsilon_0} = 2,998 \times 10^8 m/s$ a razão entre as unidades eletromagnética e eletrostática de carga.

Utilizando que $r_{12} = \sqrt{(x_1 - x_2)^2 + (y_1 - y_2)^2 + (z_1 - z_2)^2}$ é fácil obter que:

$$\dot{r}_{12} = \frac{dr_{12}}{dt} = \frac{\vec{r}_{12} \cdot \dot{\vec{r}}_{12}}{r_{12}} = \hat{r}_{12} \cdot \dot{\vec{r}}_{12} , \tag{3.8}$$

---

[20] [Ass10].

[21] [WK08].

[22] [Ass89], [Wes90a], [Wes90b], [Wes90c], [Phi90a], [Phi90b], [Wes91], [Ass92b], [Phi92], [GV92], [Ass94], [Ass95], [KF96], [Dru97], [GV97], [Dvo97], [CSR97], [FK97], [Ass98], [BA98a], [GV98], [GV99b], [GV99a], [Ass99a], [Ass99b], [BA01], [AH07], [AH09] e [AWW11], assim como nas várias referências citadas nesses livros.

[23] [Web48] com tradução para o inglês em [Web66], [Ass92b, Cap. 2], [Ass94, Seção 3.3] e [Ass95, Cap. 2].

onde $\vec{r}_{12} = \vec{r}_1 - \vec{r}_2$, enquanto que $\dot{\vec{r}}_{12} \equiv d\vec{r}_{12}/dt$ é a velocidade relativa entre as cargas no referencial $O$.

A energia de Weber satisfaz a conservação de energia mecânica para um sistema fechado. Uma análise detalhada da energia de Weber encontra-se em diversos trabalhos.[24]

A energia de Weber possui termos até segunda ordem em $v/c$, equação (3.7). Uma possível generalização recente da energia de Weber que inclui termos de todas as ordens em $v/c$ é a energia de Phipps.[25]

### 3.4.2 Energia entre Elementos de Corrente

Aplicaremos a energia de Weber definida pela equação (3.7) ao modelo de elemento de corrente descrito na Seção 3.2. Considere os elementos de corrente da figura 3.1. Definimos a energia de Weber entre os elementos de corrente $d^2V_{ij}^W$ como sendo dada pela soma de quatro termos, a saber, a energia da carga positiva do elemento $i$ interagindo com a carga positiva de $j$, a energia da carga positiva de $i$ interagindo com a carga negativa de $j$, a energia da carga negativa de $i$ interagindo com a carga positiva de $j$, juntamente com a energia da carga negativa de $i$ interagindo com a carga negativa de $j$:

$$d^2V_{ij}^W \equiv d^2V_{i+j+}^W + d^2V_{i+j-}^W + d^2V_{i-j+}^W + d^2V_{i-j-}^W \,, \tag{3.9}$$

onde:

$$d^2V_{i+j+}^W = \frac{dq_{i+}dq_{j+}}{4\pi\epsilon_0}\frac{1}{r_{i+j+}}\left[1 - \frac{(\dot{\vec{r}}_{i+j+}\cdot\vec{r}_{i+j+})^2}{2r_{i+j+}^2c^2}\right] , \tag{3.10}$$

$$d^2V_{i+j-}^W = \frac{dq_{i+}dq_{j-}}{4\pi\epsilon_0}\frac{1}{r_{i+j-}}\left[1 - \frac{(\dot{\vec{r}}_{i+j-}\cdot\vec{r}_{i+j-})^2}{2r_{i+j-}^2c^2}\right] , \tag{3.11}$$

$$d^2V_{i-j+}^W = \frac{dq_{i-}dq_{j+}}{4\pi\epsilon_0}\frac{1}{r_{i-j+}}\left[1 - \frac{(\dot{\vec{r}}_{i-j+}\cdot\vec{r}_{i-j+})^2}{2r_{i-j+}^2c^2}\right] , \tag{3.12}$$

$$d^2V_{i-j-}^W = \frac{dq_{i-}dq_{j-}}{4\pi\epsilon_0}\frac{1}{r_{i-j-}}\left[1 - \frac{(\dot{\vec{r}}_{i-j-}\cdot\vec{r}_{i-j-})^2}{2r_{i-j-}^2c^2}\right] , \tag{3.13}$$

sendo $dq_{i+}$ a carga infinitesimal positiva em $I_1 d\vec{r}_i$, $\dot{\vec{r}}_{i+j+} \equiv d(\vec{r}_{i+} - \vec{r}_j+)/dt$, e assim por diante.

---

[24] [Ass94, Cap. 3] e [Ass95, Cap. 2].

[25] [Phi90a, Bue94].

Como estamos interessados numa análise macroscópica, podemos usar a hipótese que $\vec{r}_{i+j+} = \vec{r}_{ij}$, o mesmo valendo para as expressões análogas em (3.11), (3.12), (3.13). Sendo neutros os elementos de corrente ($dq_{i-} = -dq_{i+}$), com a definição (3.1) e as equações (3.9) a (3.13), obtemos:

$$d^2 V_{ij}^W = \frac{\mu_0}{4\pi} I_1 I_2 \frac{(d\vec{r}_i \cdot \hat{r}_{ij})(d\vec{r}_j \cdot \hat{r}_{ij})}{r_{ij}} , \tag{3.14}$$

onde utilizamos a relação $\mu_0 = 1/\epsilon_0 c^2$.

### 3.4.3 Fórmula de Weber

Consideremos que os elementos de corrente da Subseção 3.4.2 pertençam, respectivamente, aos circuitos $\Gamma_1$ e $\Gamma_2$ da figura 3.2.

A energia mútua de Weber entre os circuitos $\Gamma_1$ e $\Gamma_2$ é então dada por:

$$V_{12}^W = \frac{\mu_0}{4\pi} I_1 I_2 \oint_{\Gamma_1} \oint_{\Gamma_2} \frac{(\hat{r}_{ij} \cdot d\vec{r}_i)(\hat{r}_{ij} \cdot d\vec{r}_j)}{r_{ij}} . \tag{3.15}$$

Definimos um coeficiente de indutância mútua de Weber $M_{12}^W$ de maneira análoga ao que foi feito com a energia de Neumann, Subseção 3.3.2, escrevendo a equação (3.15) como $I_1 I_2 M_{12}^W$. Da equação (3.15) obtemos então:

$$M_{12}^W \equiv \frac{\mu_0}{4\pi} \oint_{\Gamma_1} \oint_{\Gamma_2} \frac{(\hat{r}_{ij} \cdot d\vec{r}_i)(\hat{r}_{ij} \cdot d\vec{r}_j)}{r_{ij}} = M_{21}^W . \tag{3.16}$$

## 3.5 Fórmula de Indutância de Maxwell

A fórmula de indutância de Maxwell pode ser deduzida da lagrangiana de Darwin. Apresentamos a seguir a lagrangiana de Darwin.

### 3.5.1 Energia de Darwin

Uma lagrangiana compatível com a teoria da relatividade de Einstein e com termos até segunda ordem em $v/c$, inclusive, é a lagrangiana de Darwin, introduzida por Darwin no começo do século XX.[26] A lagrangiana de Darwin $L^D$ para um sistema de duas cargas $q_1$ e $q_2$ é dada por:[27]

---

[26] [Dar20].

[27] [Dar20], [Jac75, Seção 12.7 págs. 593–595], [Ass94, Seção 6.8] e [Ass95, Seção 1.6].

$$L^D = L^f - U_{12}^D \ . \tag{3.17}$$

Nesta expressão $L^f$ é a lagrangiana das partículas livres dada classicamente por:

$$L^f = \frac{m_1 v_1^2}{2} + \frac{m_2 v_2^2}{2} \ , \tag{3.18}$$

enquanto que relativisticamente ela é dada por:

$$L^f = -m_{o1}c^2\sqrt{1 - \frac{v_1^2}{c^2}} - m_{o2}c^2\sqrt{1 - \frac{v_2^2}{c^2}} \ . \tag{3.19}$$

Já $U_{12}^D$ é a energia potencial lagrangiana de Darwin dada por:

$$U_{12}^D = \frac{q_1 q_2}{4\pi\epsilon_0}\frac{1}{r_{12}}\left[1 - \frac{\dot{\vec{r}}_1 \cdot \dot{\vec{r}}_2 + (\dot{\vec{r}}_1 \cdot \hat{r}_{12})(\dot{\vec{r}}_2 \cdot \hat{r}_{12})}{2c^2}\right] \ , \tag{3.20}$$

onde $\dot{\vec{r}}_1 \equiv d\vec{r}_1/dt$ e $\dot{\vec{r}}_2 \equiv d\vec{r}_2/dt$ são, respectivamente, as velocidades das cargas $q_1$ e $q_2$ em relação a um referencial inercial $O$.

A hamiltoniana de Darwin $H^D$ para estas duas cargas é a energia total do sistema que se conserva, $E$, dada por:

$$H^D = \left(\sum_{k=1}^{6} \dot{q}_k \frac{\partial L^D}{\partial \dot{q}_k}\right) - L^D = T + V_{12}^D = E \ , \tag{3.21}$$

onde $q_k$ é uma coordenada generalizada e $\dot{q}_k = dq_k/dt$ a respectiva velocidade generalizada. Aqui $T$ é a energia cinética do sistema dada classicamente por:

$$T = \frac{m_1 v_1^2}{2} + \frac{m_2 v_2^2}{2} \ . \tag{3.22}$$

Já relativisticamente a expressão para a energia cinética é dada por:

$$T = \frac{m_{o1}c^2}{\sqrt{1 - v_1^2/c^2}} + \frac{m_{o2}c^2}{\sqrt{1 - v_2^2/c^2}} \ . \tag{3.23}$$

Além disto, a grandeza $V_{12}^D$ na equação (3.21) é a energia potencial de Darwin dada por:

$$V_{12}^D = \frac{q_1 q_2}{4\pi\epsilon_0}\frac{1}{r_{12}}\left[1 + \frac{\dot{\vec{r}}_1 \cdot \dot{\vec{r}}_2 + (\dot{\vec{r}}_1 \cdot \hat{r}_{12})(\dot{\vec{r}}_2 \cdot \hat{r}_{12})}{2c^2}\right] \ . \tag{3.24}$$

Deve ser observada a mudança de sinal em frente do termo com $1/2c^2$ ao comparar $U_{12}^D$ com $V_{12}^D$.

O análogo na eletrodinâmica clássica de Maxwell-Lorentz para a energia de Weber, equação (3.7), é a energia de Darwin, equação (3.24).

### 3.5.2 Energia entre Elementos de Corrente

Calcularemos a energia entre dois elementos de corrente utilizando a energia de Darwin introduzida na Subseção 3.5.1. Chamamos esta expressão de energia entre elementos de corrente de Maxwell tendo em vista que a partir dela pode ser deduzido o coeficiente de indutância de Maxwell. Definimos a energia de Maxwell $d^2V_{ij}^M$ de maneira análoga ao que foi feito com a energia entre elementos de corrente de Weber. Ou seja, adicionamos as energias das cargas positivas e negativas do elemento de corrente $i$ ao interagirem com as cagas positivas e negativas do elemento de corrente $j$. A energia de Maxwell é então dada pela seguinte expressão:

$$d^2V_{ij}^M \equiv d^2V_{i+j+}^M + d^2V_{i+j-}^M + d^2V_{i-j+}^M + d^2V_{i-j-}^M \; , \tag{3.25}$$

onde:

$$d^2V_{i+j+}^M = \frac{dq_{i+}dq_{j+}}{4\pi\epsilon_0}\frac{1}{r_{i+j+}}\left[1 + \frac{\dot{\vec{r}}_{i+}\cdot\dot{\vec{r}}_{j+} + (\dot{\vec{r}}_{i+}\cdot\hat{r}_{i+j+})(\dot{\vec{r}}_{j+}\cdot\hat{r}_{i+j+})}{2c^2}\right] \; , \tag{3.26}$$

$$d^2V_{i+j-}^M = \frac{dq_{i+}dq_{j-}}{4\pi\epsilon_0}\frac{1}{r_{i+j-}}\left[1 + \frac{\dot{\vec{r}}_{i+}\cdot\dot{\vec{r}}_{j-} + (\dot{\vec{r}}_{i+}\cdot\hat{r}_{i+j-})(\dot{\vec{r}}_{j-}\cdot\hat{r}_{i+j-})}{2c^2}\right] \; , \tag{3.27}$$

$$d^2V_{i-j+}^M = \frac{dq_{i-}dq_{j+}}{4\pi\epsilon_0}\frac{1}{r_{i-j+}}\left[1 + \frac{\dot{\vec{r}}_{i-}\cdot\dot{\vec{r}}_{j+} + (\dot{\vec{r}}_{i-}\cdot\hat{r}_{i-j+})(\dot{\vec{r}}_{j+}\cdot\hat{r}_{i-j+})}{2c^2}\right] \; , \tag{3.28}$$

$$d^2V_{i-j-}^M = \frac{dq_{i-}dq_{j-}}{4\pi\epsilon_0}\frac{1}{r_{i-j-}}\left[1 + \frac{\dot{\vec{r}}_{i-}\cdot\dot{\vec{r}}_{j-} + (\dot{\vec{r}}_{i-}\cdot\hat{r}_{i-j-})(\dot{\vec{r}}_{j-}\cdot\hat{r}_{i-j-})}{2c^2}\right] \; . \tag{3.29}$$

Substituindo as equações (3.26) até (3.29) na equação (3.25) e invocando as mesmas hipóteses utilizadas no parágrafo anterior à equação (3.14), resulta que:

$$d^2V_{ij}^M = \frac{\mu_0}{4\pi} I_1 I_2 \frac{(d\vec{r}_i \cdot d\vec{r}_j) + (d\vec{r}_i \cdot \hat{r}_{ij})(d\vec{r}_j \cdot \hat{r}_{ij})}{2r_{ij}} . \tag{3.30}$$

Desde o século XIX já se sabia que esta era a expressão correta na eletrodinâmica de Maxwell para a energia de interação entre dois elementos de corrente.[28]

### 3.5.3 Fórmula de Maxwell

Aplicando a expressão (3.30) para calcular a energia mútua $V_{12}^M$ dos circuitos da figura 3.2, resulta:

$$V_{12}^M = \frac{\mu_0}{4\pi} I_1 I_2 \oint_{\Gamma_1} \oint_{\Gamma_2} \left[ \frac{(d\vec{r}_i \cdot d\vec{r}_j) + (\hat{r}_{ij} \cdot d\vec{r}_i)(\hat{r}_{ij} \cdot d\vec{r}_j)}{2r_{ij}} \right] . \tag{3.31}$$

Com a definição que demos para $M_{12}$ na Subseção 3.3.2, obtém-se da equação (3.31) a seguinte expressão para $M_{12}$:

$$M_{12}^M \equiv \frac{\mu_0}{4\pi} \oint_{\Gamma_1} \oint_{\Gamma_2} \left[ \frac{(d\vec{r}_i \cdot d\vec{r}_j) + (\hat{r}_{ij} \cdot d\vec{r}_i)(\hat{r}_{ij} \cdot d\vec{r}_j)}{2r_{ij}} \right] = M_{21}^M . \tag{3.32}$$

## 3.6 Fórmula de Indutância de Graneau

O crescimento nos últimos anos do interesse em se estudar os fundamentos da eletrodinâmica é devido, em grande parte, aos trabalhos de Peter Graneau. Graneau, desde 1982,[29] vem realizando uma série de experimentos relacionados ao assunto, motivando outros físicos a desenvolverem trabalhos na área, tanto experimentais quanto teóricos. Apesar de aceitar a expressão de Neumann para a energia de interação entre circuitos fechados de corrente, equação (3.5), Graneau propôs uma outra energia para a interação entre elementos de corrente, diferente daquela que chamamos aqui de energia de Neumann entre elementos de corrente (equação (3.4)). Apresentamos a seguir a energia de Graneau.

[28] [Woo68, Wis81, Arc89] e [Whi73, págs. 233–234].
[29] [Gra82b].

### 3.6.1 Energia entre Elementos de Corrente

Em seu livro de 1985, Graneau apresentou uma nova energia eletrodinâmica $d^2V_{ij}^G$ entre elementos de corrente. Para os elementos de corrente da figura 3.1 podemos escrevê-la como:[30]

$$d^2V_{ij}^G \equiv \frac{\mu_0}{4\pi} I_1 I_2 \left[ \frac{3(d\vec{r}_i \cdot \hat{r}_{ij})(d\vec{r}_j \cdot \hat{r}_{ij}) - 2(d\vec{r}_i \cdot d\vec{r}_j)}{r_{ij}} \right] . \tag{3.33}$$

### 3.6.2 Fórmula de Graneau

Da expressão (3.33), através do procedimento seguido nas seções correspondentes às fórmulas de Neumann, Weber e Maxwell, deduzimos a energia mútua $V_{12}^G$ e a indutância mútua $M_{12}^G$ entre dois circuitos fechados distintos $\Gamma_1$ e $\Gamma_2$, a saber:

$$V_{12}^G = \frac{\mu_0}{4\pi} I_1 I_2 \oint_{\Gamma_1} \oint_{\Gamma_2} \left[ \frac{3(\hat{r}_{ij} \cdot d\vec{r}_i)(\hat{r}_{ij} \cdot d\vec{r}_j) - 2(d\vec{r}_i \cdot d\vec{r}_j)}{r_{ij}} \right] , \tag{3.34}$$

e

$$M_{12}^G \equiv \frac{\mu_0}{4\pi} \oint_{\Gamma_1} \oint_{\Gamma_2} \left[ \frac{3(\hat{r}_{ij} \cdot d\vec{r}_i)(\hat{r}_{ij} \cdot d\vec{r}_j) - 2(d\vec{r}_i \cdot d\vec{r}_j)}{r_{ij}} \right] = M_{21}^G . \tag{3.35}$$

## 3.7 Equivalência Parcial

Em analogia com a simplificação que Helmholtz utilizou para escrever uma única expressão para a energia eletrodinâmica,[31] escreveremos uma expressão para a indutância mútua entre dois elementos que resume as quatro fórmulas anteriormente apresentadas.

Dados dois elementos de corrente, $I_1 d\vec{r}_i$ em $\vec{r}_i$ e $I_2 d\vec{r}_j$ em $\vec{r}_j$, a indutância mútua entre eles é dada por:

$$d^2M_{ij} \equiv \frac{\mu_0}{4\pi} \left[ \left( \frac{1+k}{2} \right) \frac{(d\vec{r}_i \cdot d\vec{r}_j)}{r_{ij}} + \left( \frac{1-k}{2} \right) \frac{(\hat{r}_{ij} \cdot d\vec{r}_i)(\hat{r}_{ij} \cdot d\vec{r}_j)}{r_{ij}} \right]$$

[30] [Gra85a, pág. 212].

[31] [Woo68, Wis81, Arc89] e [Whi73, págs. 233–234].

$$= \left(\frac{1+k}{2}\right) d^2 M_{ij}^N + \left(\frac{1-k}{2}\right) d^2 M_{ij}^W \; , \qquad (3.36)$$

onde $k$ é uma constante adimensional. A energia mútua entre eles é dada simplesmente por $d^2 V_{ij} = I_i I_j d^2 M_{ij}$.

Obtemos $d^2 M_{ij} = d^2 M_{ij}^N$ com $k = 1$; $d^2 M_{ij} = d^2 M_{ij}^W$ com $k = -1$; $d^2 M_{ij} = d^2 M_{ij}^M$ com $k = 0$; e $d^2 M_{ij} = d^2 M_{ij}^G$ com $k = -5$.

Quando integramos a expressão (3.36) para calcular a indutância mútua entre dois circuitos fechados, obtemos um resultado que é independente de $k$. Este resultado é um fato já bem conhecido.[32] Assim, quando calculamos a indutância mútua entre dois circuitos distintos, como os circuitos da figura 3.2, obtemos o mesmo resultado com as fórmulas de Neumann, Weber, Maxwell e Graneau.

Apresentamos aqui uma prova simples deste fato. Consideremos a integração da equação (3.36) para dois circuitos distintos $\Gamma_1$ e $\Gamma_2$:

$$\begin{aligned} M_{12} &= \frac{\mu_0}{4\pi}\Bigg[\left(\frac{1+k}{2}\right)\oint_{\Gamma_1}\oint_{\Gamma_2}\frac{(d\vec{r}_i \cdot d\vec{r}_j)}{r_{ij}} \\ &+ \left(\frac{1-k}{2}\right)\oint_{\Gamma_1}\oint_{\Gamma_2}\frac{(\hat{r}_{ij}\cdot d\vec{r}_i)(\hat{r}_{ij}\cdot d\vec{r}_j)}{r_{ij}}\Bigg] \; . \qquad (3.37) \end{aligned}$$

Considerando só a integração em $\Gamma_1$ na segunda parcela de (3.37) e utilizando o teorema de Stokes temos:

$$\oint_{\Gamma_1}\frac{(\hat{r}_{ij}\cdot d\vec{r}_i)(\hat{r}_{ij}\cdot d\vec{r}_j)}{r_{ij}} = \int\int_{S_{\Gamma_1}}\left[\nabla_i \times \left(\frac{(\hat{r}_{ij}\cdot d\vec{r}_j)\hat{r}_{ij}}{r_{ij}}\right)\cdot d\vec{S}_1\right] \; . \qquad (3.38)$$

Expandindo o rotacional no integrando acima e utilizando algumas identidades vetoriais simples chegamos a:

$$\begin{aligned} \int\int_{S_{\Gamma_1}}\left[\nabla_i \times \left(\frac{(\hat{r}_{ij}\cdot d\vec{r}_i)\hat{r}_{ij}}{r_{ij}}\right)\right]\cdot d\vec{S}_i &= \int\int_{S_{\Gamma_1}}\left(d\vec{r}_j \times \frac{\hat{r}_{ij}}{r_{ij}^2}\right)\cdot d\vec{S}_i \\ &= \int\int_{S_{\Gamma_1}}\left[\nabla_i \times \left(\frac{d\vec{r}_j}{r_{ij}}\right)\right]\cdot d\vec{S}_i \\ &= \oint_{\Gamma_1}\frac{d\vec{r}_i \cdot d\vec{r}_j}{r_{ij}} \; , \qquad (3.39) \end{aligned}$$

[32] [Dar93], [Ass94, Seção 4.6] e [Ass95, pág. 90].

onde na última passagem da equação (3.39) utilizamos novamente o teorema de Stokes.

Das equações (3.38) e (3.39) concluímos que:

$$\oint_{\Gamma_1} \frac{(\hat{r}_{ij} \cdot d\vec{r}_i)(\hat{r}_{ij} \cdot d\vec{r}_j)}{r_{ij}} = \oint_{\Gamma_1} \frac{d\vec{r}_i \cdot d\vec{r}_j}{r_{ij}} . \tag{3.40}$$

A equação (3.40) substituída na equação (3.37) mostra que $M_{12}$ é independente de $k$. Ou seja, a indutância mútua entre dois circuitos fechados de corrente tem o mesmo valor com as fórmulas de Neumann, Weber, Maxwell e Graneau.

Com relação à auto-indutância de um único circuito fechado de corrente, o primeiro problema que temos é com a utilização do modelo linear de elemento de corrente. A expressão (3.36) diverge quando temos $i \to j$. Assim, não podemos utilizá-la para calcular a auto-indutância. O segundo problema com relação à auto-indutância, ainda não resolvido, é saber se as fórmulas apresentadas anteriormente são equivalentes entre si, da mesma forma que elas são equivalentes para o cálculo da indutância mútua entre dois circuitos fechados e distintos entre si conduzindo correntes constantes. Trataremos destes assuntos, apresentando suas soluções, nos próximos Capítulos.

# Capítulo 4

# Cálculo do Coeficiente de Indutância

## 4.1 Introdução

Na eletrodinâmica clássica a fórmula usual para o cálculo do coeficiente de indutância é a fórmula de Neumann. Ela é a expressão mais simples entre todas as apresentadas aqui para o cálculo do coeficiente. Apesar disto, é só nos casos mais simples que ele pode ser calculado exatamente. Para casos mais complicados são empregados métodos de aproximação que utilizam os resultados exatos dos casos mais simples. A fórmula de Neumann apresenta, como as outras, problemas de divergência quando utilizada para calcular a auto-indutância de um circuito simples ou a indutância mútua entre circuitos que têm pontos de contato.

A causa desta divergência é a utilização do elemento de corrente linear introduzido na Seção 3.2 e utilizado nas Seções subsequentes para a apresentação das fórmulas.

O elemento linear é uma aproximação da realidade. Ele é útil quando a área da seção reta do fio é pequena comparada com sua área superficial (isto é, quando o diâmetro do fio é muito menor que seu comprimento). Quando os elementos lineares estão em contato, a expressão (3.36) não pode ser utilizada para calcular a indutância, devido a problemas de divergência.

Para resolver este problema usualmente utilizam-se métodos de aproximação. Uma apresentação destes métodos e a aplicação a inúmeras situações práticas podem ser encontradas no livro do Grover.[1] Dentre estes métodos de aproximação citamos os seguintes: *integração de fórmulas básicas* através da seção reta do circuito (como por exemplo calcular a auto-indutância de uma bobina de seção reta circular utilizando para isto a indutância mútua entre aneis circulares); *expansão em série de Taylor* para a indutância mútua entre condutores com área da seção reta de dimensões grandes, utilizando para a expansão a indutância mútua entre os condutores centrais; *fórmula da quadratura de Rayleigh*, que é uma variação do método da expansão em série de Taylor, variando justamente a maneira como se calcula os termos da série; para bobinas coaxiais uma variação do método de Rayleigh é conhecido como *método Lyle dos filamentos equivalentes*; para obter melhores resultados com estes métodos de expansão utiliza-se o *princípio de seccionamento*, onde divide-se a seção reta do condutor em regiões nas quais será aplicado o método de expansão; e talvez o mais utilizado é o *método da distância média geométrica*, onde substitui-se um condutor por diversos condutores equivalentes com elemento de corrente linear, e obtém-se a indutância mútua do condutor original através da ponderação das distâncias entre os condutores equivalentes.

## 4.2 Descrição do Método Utilizado

Nosso livro utiliza um método para calcular auto-indutâncias que permite, em princípio, a obtenção de resultados exatos para qualquer geometria.[2] Além do mais ele também pode ser utilizado quando o diâmetro do fio é da mesma ordem de grandeza que seu comprimento. Outra vantagem deste método é que ele permite a obtenção de expressões algébricas para a auto-indutância. Os outros métodos usualmente apresentam resultados numéricos os quais precisam ser tabulados para diferentes geometrias.

Para resolver o problema da divergência (valores infinitos) que aparecem com o uso do elemento de corrente linear, consideraremos nos casos bidimensionais que a corrente tem uma certa largura. Desta forma simplesmente substituiremos o elemento linear $d\vec{r}$ por $\hat{\ell}da/\omega$, figura 4.1. Aqui, $\hat{\ell}$ é o vetor unitário indicando a direção do fluxo da corrente em cada ponto, $\omega$ é a largura perpendicular a $\hat{\ell}$ neste ponto e $da$ é o elemento de área neste ponto.

[1] [Gro46].

[2] [BA95].

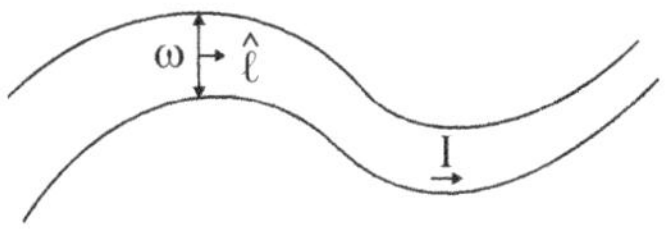


Figura 4.1: Corrente $I$ fluindo através da superfície de uma fita bidimensional.

Se o fluxo de corrente for uniforme ao longo da seção reta de um condutor tridimensional, substituiremos $d\vec{r}$ por $\hat{\ell}dV/A$, figura 4.2. Aqui, $A$ é a área da seção reta do fio em cada ponto e $dV$ é o elemento de volume do condutor.

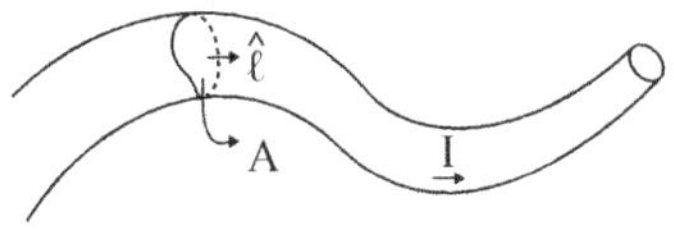


Figura 4.2: Corrente $I$ fluindo através da seção reta de um fio tridimensional.

Adaptamos esta ideia a partir do trabalho de Wesley.[3] Wesley utilizou pela primeira vez um tratamento similar para comparar as forças de Ampère e Grassmann entre elementos de corrente. Especificamente, ele substituiu o elemento de corrente $Id\vec{r}$ por $\vec{J}dV$, onde $\vec{J}$ é o vetor densidade de corrente volumétrica (com unidades $Am^{-2}$). Quando a corrente flui uniformemente em cada seção reta do fio, temos $\vec{J} = \hat{\ell}I/A$. Utilizando este fato no tratamento empregado por Wesley ($Id\vec{r} \leftrightarrow \vec{J}dV$), chegamos ao nosso resultado. Analogamente, quando a corrente flui através de uma superfície temos $Id\vec{r} \leftrightarrow \vec{K}da$, sendo $\vec{K}$ o vetor densidade de corrente superficial (com unidades $Am^{-1}$). Para fluxo uniforme de corrente através de cada seção da superfície temos $\vec{K} = \hat{\ell}I/\omega$, obtendo nosso resultado anterior.

Fazendo estas substituições na equação (3.36), obtemos as seguintes expressões com elementos de corrente superficiais e volumétricos, respectivamente:

$$d^4M_{ij} = \frac{\mu_0}{4\pi}\frac{1}{\omega_i\omega_j}\left[\left(\frac{1+k}{2}\right)\frac{\hat{\ell}_i\cdot\hat{\ell}_j}{r_{ij}} + \left(\frac{1-k}{2}\right)\frac{(\hat{r}_{ij}\cdot\hat{\ell}_i)(\hat{r}_{ij}\cdot\hat{\ell}_j)}{r_{ij}}\right]da_i da_j \ , \quad (4.1)$$

e

[3] [Wes90a].

$$\begin{aligned} L_{poloidal} &= \frac{\mu_0}{4\pi}\frac{a^2}{\ell}\int_0^{2\pi} d\phi_i \int_0^{2\pi} d\phi_j \Bigg( (1+k)\cos(\phi_i - \phi_j) \\ &\times \left\{ \operatorname{senh}^{-1}\left( \frac{\ell}{\sqrt{2}\, a\, [1-\cos(\phi_i-\phi_j)]^{1/2}} \right) \right. \\ &+ \sqrt{2}\left(\frac{a}{\ell}\right)[1-\cos(\phi_i-\phi_j)]^{1/2} \\ &- \left. \left[ 1 + 2\left(\frac{a}{\ell}\right)^2 (1-\cos(\phi_i-\phi_j)) \right]^{1/2} \right\} \\ &+ \left(\frac{1-k}{2}\right)(1+\cos(\phi_i-\phi_j)) \\ &\times \left\{ \left[ 1 + 2\left(\frac{a}{\ell}\right)^2 (1-\cos(\phi_i-\phi_j)) \right]^{1/2} \right. \\ &- \left. \frac{a}{\ell}\sqrt{2}\,[1-\cos(\phi_i-\phi_j)]^{1/2} \right\} \Bigg) . \end{aligned} \tag{4.4}$$

Para resolver esta integral dupla utilizamos o seguinte resultado:

$$\int_0^{2\pi}\int_0^{2\pi} f(\cos(\phi_i-\phi_j))d\phi_i d\phi_j = 2\pi \int_0^{2\pi} f(\cos\phi)d\phi \ , \tag{4.5}$$

onde $f(\cos(\phi_i - \phi_j))$ é uma função arbitrária de $\cos(\phi_i - \phi_j)$.

Com isto podemos integrar exatamente a equação (4.4) obtendo:

$$\begin{aligned} L_{poloidal} &= \frac{2\mu_o a}{3}\left[ p^2\left(\frac{E(q)}{q} - 1\right) - \frac{dE(q)}{dq} \right] \\ &= \frac{2\mu_o a}{3}\left[ \frac{1}{q}(K(q)-E(q)) + p^2\left(\frac{E(q)}{q} - 1\right) \right] , \end{aligned} \tag{4.6}$$

onde $p \equiv 2a/\ell$, $q \equiv p/(1+p^2)^{1/2}$, sendo ainda $K$ e $E$ as integrais elípticas completas de primeiro e segundo tipo, respectivamente:[8]

O primeiro a obter a auto-indutância com esta geometria em termos de integrais elípticas foi L. Lorenz.[9] Ele trabalhou apenas com a fórmula de

[8] [GR94, págs. 907-908].

[9] [Lor04] e [Gro46, pág. 142].

Neumann. Já nossa equação (4.6) foi obtida a partir da expressão geral dada pela equação (4.1). O resultado final que obtivemos é independente de $k$. Este resultado é altamente não trivial. Ele significa que o valor da auto-indutância da casca cilíndrica com corrente poloidal tem o mesmo valor com as fórmulas de Neumann, Weber, Maxwell e Graneau. Como dissemos anteriormente, esta equivalência sempre ocorre para a indutância mútua entre dois circuitos fechados de corrente. Mas neste caso temos um único circuito fechado de corrente. Isto nos coloca a questão de saber se também para a auto-indutância de um circuito fechado de forma qualquer as fórmulas darão sempre o mesmo resultado. Discutiremos este tema no Capítulo 6.

O resultado da equação (4.6) é exato e foi obtido analiticamente com uma expressão razoavelmente simples. Como ele foi obtido sem restrições sobre $\ell$ e sobre $a$, ele é válido tanto para a auto-indutância de um longo solenoide de comprimento $\ell$ e lado $a$ ($\ell \gg a$), obtido enrolando $N$ voltas do fio sobre uma superfície cilíndrica, ou para a auto-indutância de um anel bi-dimensional ($\ell \ll a$). A expansão da equação (4.6) para estes dois limites ($\ell \gg a$ e $\ell \ll a$) gera, respectivamente:

$$L_{solenoide} \approx \frac{\mu_o \pi a^2}{\ell}\left(1 - \frac{8}{3\pi}\frac{a}{\ell} + \frac{1}{2}\frac{a^2}{\ell^2}\right) , \tag{4.7}$$

e

$$L_{anel} \approx \mu_o a \left[\ln\left(\frac{8a}{\ell}\right) - \frac{1}{2}\right] . \tag{4.8}$$

Este último resultado coincide com o apresentado por Grover.[10]

Já o caso da equação (4.7), válido para $\ell \gg a$, é apresentado na maioria dos livros didáticos em termos de um solenoide obtido pelo enrolamento de $N$ voltas de um fio sobre uma superfície cilíndrica.[11] O método empregado nos livros didáticos é dado por:

$$L = \frac{d\Phi}{dI} , \tag{4.9}$$

onde $\Phi$ é o fluxo magnético sobre o circuito e $I$ é a corrente passando em cada volta do fio. Este método só é útil em situações altamente simétricas nas quais podemos calcular facilmente $\Phi$. O resultado obtido nestes livros didáticos é dado por:

[10][Gro46, pág. 143].

[11]Ver, por exemplo, [LCL88, pág. 442].

$$L_{solenoide}^{livros\ didáticos} = \mu_o \pi N^2 \frac{a^2}{\ell} \ . \tag{4.10}$$

A equação (4.7) apresenta este resultado com correções para ordens superiores em $a/\ell$.

A diferença que ocorre em ordem zero entre as equações (4.7) e (4.10) é apenas uma questão de definição. Nos livros didáticos a energia magnética deste sistema é dada por $LI^2$, onde $L$ é dado pela equação (4.10), já que eles concentram sua análise na corrente $I$ de cada volta. Se nos concentrarmos na corrente total $I_t = NI$ que passa sobre todo o comprimento $\ell$ da casca cilíndrica, a energia magnética vai ser dada por $LI_t^2/2$, com $L$ dado pela equação (4.7). Desta forma a energia magnética obtida pelo método descrito aqui concorda com a energia magnética obtida nos livros didáticos. Também a força atuando sobre uma espira ou sobre uma faixa da casca cilíndrica vai ser a mesma nos dois enfoques.

Cada enfoque ou definição tem suas vantagens ou deficiências. O enfoque dos livros didáticos é útil quando de fato enrolamos um fio ao redor de uma superfície cilíndrica e medimos apenas a corrente em um único fio. Por outro lado o enfoque adotado aqui é mais útil quando a corrente flui uniformemente pela superfície da casca cilíndrica, sem ter de vir necessariamente de um fio enrolado $N$ vezes sobre sua superfície. Além disto, o enfoque adotado aqui preserva a ideia de que $L$ depende apenas da geometria do circuito. Num solenoide usual, quando mudamos o número de enrolamentos do fio, ou seja, quando mudamos o número $N$ de voltas, mantendo a corrente $I$ de cada espira constante, a geometria da casca cilíndrica (seu comprimento $\ell$ ou seu raio $a$) não é modificada, de tal forma que o valor de $L$ deveria permanecer inalterado. Isto acontece com a equação (4.7) mas não com a equação (4.10).

## 4.3.2 Casca Cilíndrica com Corrente Axial

Agora consideramos uma casca cilíndrica de comprimento $\ell$, seção reta circular de raio $a$, e uma corrente $I$ na direção do eixo $z$, figura 4.5. Vamos calcular a auto-indutância desta casca cilíndrica.

Substituindo na equação (4.1) $\hat{\ell}_i = \hat{\ell}_j = \hat{z}$, $da_i = adz_i d\phi_i$, $da_j = adz_j d\phi_j$, $\omega_i = \omega_j = 2\pi a$, $\vec{r}_i = a\hat{\rho}_i + z_i\hat{z}$, $\vec{r}_j = a\hat{\rho}_j + z_j\hat{z}$ e os limites de integração, resulta:

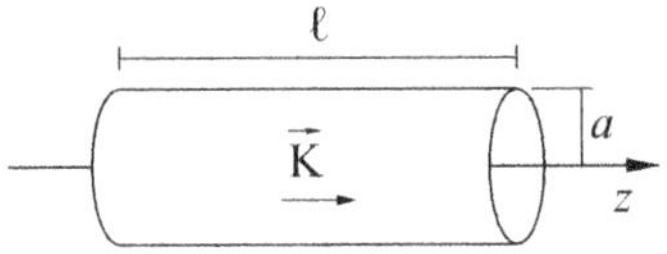


Figura 4.5: Casca cilíndrica com corrente axial.

$$
\begin{aligned}
L_{axial} &= \frac{\mu_0}{16\pi^3}\int_0^{2\pi} d\phi_i \int_0^{2\pi} d\phi_j \int_0^{\ell} dz_i \int_0^{\ell} dz_j \\
&\times \left[\left(\frac{1+k}{2}\right)\frac{1}{[2a^2(1-\cos(\phi_i-\phi_j))+(z_i-z_j)^2]^{1/2}}\right. \\
&+ \left.\left(\frac{1-k}{2}\right)\frac{(z_i-z_j)^2}{[2a^2(1-\cos(\phi_i-\phi_j))+(z_i-z_j)^2]^{3/2}}\right]. \quad (4.11)
\end{aligned}
$$

Integrando a expressão (4.11) em $z_i$ e $z_j$ obtém-se:

$$
\begin{aligned}
L_{axial} &= \frac{\mu_0 \ell}{8\pi^3}\int_0^{2\pi} d\phi_i \int_0^{2\pi} d\phi_j \Bigg(\left(\frac{1+k}{2}\right) \\
&\times \left\{\operatorname{senh}^{-1}\left(\frac{\ell}{\sqrt{2}\, a\, [1-\cos(\phi_i-\phi_j)]^{1/2}}\right)\right. \\
&+ \sqrt{2}\left(\frac{a}{\ell}\right)[1-\cos(\phi_i-\phi_j)]^{1/2} \\
&- \left.\left[1+2\left(\frac{a}{\ell}\right)^2(1-\cos(\phi_i-\phi_j))\right]^{1/2}\right\} \\
&+ \left(\frac{1-k}{2}\right)\times\left\{\operatorname{senh}^{-1}\left(\frac{\ell}{\sqrt{2}\, a\, [1-\cos(\phi_i-\phi_j)]^{1/2}}\right)\right. \\
&+ 2\sqrt{2}\left(\frac{a}{\ell}\right)[1-\cos(\phi_i-\phi_j)]^{1/2} \\
&- \left.2\left[1+2\left(\frac{a}{\ell}\right)^2(1-\cos(\phi_i-\phi_j))\right]^{1/2}\right\}\Bigg).
\end{aligned}
\tag{4.12}
$$

Novamente podemos utilizar a equação (4.5) para resolver uma das integrais.

Ou então, utilizando a aproximação $\ell \gg a$, expandimos o integrando da equação (4.12) até segunda ordem em $a/\ell$. Em seguida, integramos nas variáveis $\phi_i$ e $\phi_j$, obtendo:

$$L_{axial} = \frac{\mu_0 \ell}{2\pi}\left[\ln\frac{2\ell}{a} + \frac{k-3}{2} + \frac{2a(3-k)}{\pi\ell} + \frac{a^2(k-2)}{2\ell^2} + O\left(\frac{a}{\ell}\right)^3\right] . \quad (4.13)$$

O valor da auto-indutância da casca cilíndrica com corrente axial depende do valor de $k$. Portanto, terá valores diferentes para cada uma das fórmulas conforme o valor de $k$ atribuído (ver Seção 3.7). Vale ressaltar que a casca cilíndrica com corrente axial, figura 4.5, não é um circuito de corrente fechado como a casca cilíndrica com corrente poloidal, figura 4.4.

Demonstramos com este exemplo que, para circuitos de corrente abertos, as fórmulas para o cálculo de auto-indutância apresentadas no Capítulo 3 são, em geral, não equivalentes.

### 4.3.3 Cabo Coaxial

Calcularemos a auto-indutância de um cabo coaxial (figura 4.6), formado por duas cascas cilíndricas concêntricas com raios $b$ e $a$ ($b > a$), iguais às cascas da figura 4.5, com correntes axiais em sentidos opostos nas cascas cilíndricas. A auto-indutância $L_{coaxial}$ deste cabo coaxial pode ser escrita como (uma demonstração de como chegar nesta expressão é apresentada na Seção 6.1):

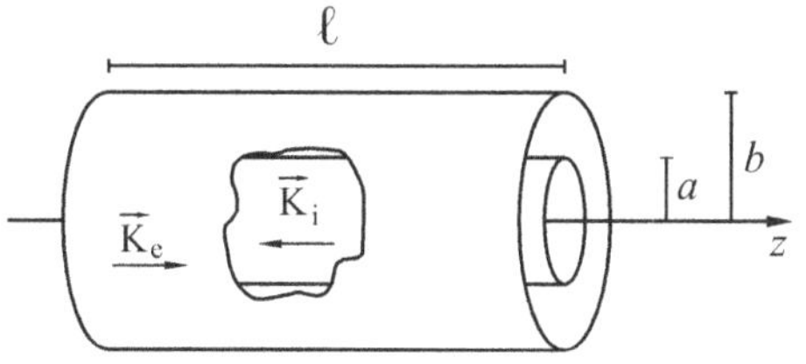


Figura 4.6: Cabo coaxial formado por duas cascas cilíndricas concêntricas.

$$L_{coaxial} = L_a + L_b + 2M_{ab} , \quad (4.14)$$

onde $L_a$ e $L_b$ são, respectivamente, a auto-indutância da casca cilíndrica interna e externa, sendo $M_{ab}$ a indutância mútua entre elas. Deve ser observado que às vezes se escreve esta expressão como $L_a + L_b \pm 2M_{ab}$, considerando $M_{ab}$

como positivo e escolhendo o sinal + ou − dependendo se as correntes estão no mesmo sentido ou em sentidos opostos. Com as expressões (3.36), (4.1) ou (4.2) não é necessário esta especificação de sinais já que o sentido da corrente já está embutido em $d\vec{r}$ ou em $\hat{\ell}$. Da expressão (4.14) já temos calculado $L_a$ e $L_b$, ou seja, as auto-indutâncias calculadas para as cascas cilíndricas com corrente axial (figura 4.5). O resultado até segunda ordem em $a/\ell$ ou $b/\ell$ está dado na equação (4.13). Falta, portanto, calcular a indutância mútua $M_{ab}$. É o que fazemos a seguir.

A equação (4.1) com $\hat{\ell}_\imath = -\hat{\ell}_\jmath = \hat{z}$, $da_\imath = adz_\imath d\phi_\imath$, $da_\jmath = bdz_\jmath d\phi_\jmath$, $\omega_\imath = 2\pi a$, $\omega_\jmath = 2\pi b$, $\vec{r}_\imath = a\hat{\rho}_\imath + z_\imath\hat{z}$, $\vec{r}_\jmath = b\hat{\rho}_\jmath + z_\jmath\hat{z}$ e substituindo os limites de integração fornece:

$$
\begin{aligned}
M_{ab} &= -\frac{\mu_0}{16\pi^3}\int_0^{2\pi} d\phi_\imath \int_0^{2\pi} d\phi_\jmath \int_0^\ell dz_\imath \int_0^\ell dz_\jmath \\
&\times \left[\left(\frac{1+k}{2}\right)\frac{1}{[a^2+b^2-2ab\cos(\phi_\imath-\phi_\jmath)+(z_\imath-z_\jmath)^2]^{1/2}}\right. \\
&+ \left.\left(\frac{1-k}{2}\right)\frac{(z_\imath-z_\jmath)^2}{[a^2+b^2-2ab\cos(\phi_\imath-\phi_\jmath)+(z_\imath-z_\jmath)^2]^{3/2}}\right] .
\end{aligned}
\tag{4.15}
$$

Resolvendo as integrais em $z_\imath$ e $z_\jmath$ na equação (4.15) obtém-se:

$$
\begin{aligned}
M_{ab} &= -\frac{\mu_0\ell}{8\pi^3}\int_0^{2\pi} d\phi_\imath \int_0^{2\pi} d\phi_\jmath \Bigg(\left(\frac{1+k}{2}\right) \\
&\times \left\{\operatorname{senh}^{-1}\left(\frac{\ell}{a\,[1+r^2-2r\cos(\phi_\imath-\phi_\jmath)]^{1/2}}\right)\right. \\
&+ \left(\frac{a}{\ell}\right)[1+r^2-2r\cos(\phi_\imath-\phi_\jmath)]^{1/2} \\
&- \left.\left[1+\left(\frac{a}{\ell}\right)^2(1+r^2-2r\cos(\phi_\imath-\phi_\jmath))\right]^{1/2}\right\} \\
&+ \left(\frac{1-k}{2}\right)\times\left\{\operatorname{senh}^{-1}\left(\frac{\ell}{a\,[1+r^2-2r\cos(\phi_\imath-\phi_\jmath)]^{1/2}}\right)\right. \\
&+ 2\left(\frac{a}{\ell}\right)[1+r^2-2r\cos(\phi_\imath-\phi_\jmath)]^{1/2} \\
&- 2\left.\left[1+\left(\frac{a}{\ell}\right)^2(1+r^2-2r\cos(\phi_\imath-\phi_\jmath))\right]^{1/2}\right\}\Bigg) ,
\end{aligned}
$$

(4.16)

onde $r \equiv b/a$, de tal forma que $r > 1$.

Antes de integrarmos a equação (4.16) em $\phi_i$ e $\phi_j$, expandimos o integrando até segunda ordem em $a/\ell$ e $a/b = 1/r$. Depois, substituímos $r$ por $b/a$ e integramos para chegar no seguinte valor:

$$M_{ab} \approx -\frac{\mu_0 \ell}{2\pi}\left[\ln\frac{2\ell}{b} + \frac{k-3}{2} + \frac{(3-k)a}{\pi\ell}|1-r|E\left(\frac{2i\sqrt{r}}{|1-r|}\right) + \frac{(k-2)(1+r^2)a^2}{4\ell^2}\right] , \quad (4.17)$$

onde $i = \sqrt{-1}$ é a unidade imaginária, $r \equiv b/a > 1$ e este resultado não inclui termos de ordens $a^3/\ell^3$, $b^3/\ell^3$ e superiores.

A indutância mútua entre as cascas cilíndricas depende de $k$. A explicação para este fato é que estas duas cascas não formam um circuito fechado no qual todas as linhas de corrente são contínuas e fechadas.

O valor da auto-indutância do cabo coaxial pode agora ser calculado. Os valores de $L_a$ e $L_b$ são obtidos da equação (4.13), sendo que para o valor de $L_b$ substituímos $a$ por $b$. Junto com $M_{ab}$ dado pela equação (4.17), obtemos finalmente a partir da equação (4.14) o seguinte resultado:

$$L_{coaxial} = \frac{\mu_o \ell}{2\pi}\left[\ln r + \frac{2a(3-k)}{\pi\ell}\left(1 + r - |1-r|E\left(\frac{2i\sqrt{r}}{|1-r|}\right)\right)\right] . \quad (4.18)$$

Novamente este resultado é válido apenas até segunda ordem em $a/\ell$ e em $b/\ell$.

Em livros didáticos encontramos[12] que o valor da auto-indutância de um cabo coaxial análogo ao da figura 4.6 é dado por (supondo $\ell \gg b > a$):

$$L^{livros}_{coaxial} = \frac{\mu_0 \ell}{2\pi} \ln\left(\frac{b}{a}\right) . \quad (4.19)$$

O valor da equação (4.19) é exatamente a aproximação de ordem zero do resultado calculado pelo método descrito aqui, equação (4.18).

O resultado dos livros foi obtido utilizando $U = (LI^2)/2$, onde $U$ é a energia calculada através de $(\int\int\int B^2 dV)/2\mu_o$, sendo $B$ o módulo do campo

[12]Ver, por exemplo, [FLS64, Vol. 2, págs. 24–1 a 24–3].

magnético. Ou seja, um segundo método empregado nos livros usuais de eletromagnetismo para calcular a auto-indutância de circuitos com corrente é dado por:

$$L = \frac{\int\int\int B^2 dV}{I^2 \mu_o} . \tag{4.20}$$

Neste capítulo apresentamos um método para calcular o coeficiente de indutância. Além disto, calculamos a auto-indutância de um solenoide, Subseção 4.3.1, e de um cabo coaxial, Subseção 4.3.3. Com isto ilustramos a exatidão do método (comparando nossos resultados com os resultados dos livros) e sua utilidade (obtendo facilmente outras ordens de aproximação que aquelas apresentadas nos livros). A auto-indutância do solenoide independe de $k$, ou seja, tem o mesmo valor para as fórmulas de Neumann, Weber, Maxwell e Graneau. No Capítulo 6 demonstraremos para um circuito fechado único de forma arbitrária que todas estas fórmulas irão fornecer o mesmo valor para a auto-indutância de qualquer circuito fechado. Ser um circuito de corrente fechado é uma condição necessária para esta equivalência, como constatamos com o cálculo da auto-indutância do cabo coaxial. Se fechássemos cada uma das laterais do cabo coaxial com um disco circular de raio interno $a$ e raio externo $b$, com corrente fluindo radialmente da casca cilíndrica interna para a externa em uma das tampas e da casca externa para a interna na outra tampa, o circuito seria fechado. Nesta situação a auto-indutância independeria de $k$, como provaremos num caso genérico no Capítulo 6.

A seguir aplicaremos as fórmulas (3.36), (4.1) e (4.2) a diversas configurações nas quais deixam de ser úteis os métodos típicos empregados nos livros usuais de eletromagnetismo para o cálculo da auto-indutância dados pelas equações (4.9) e (4.20).

# Capítulo 5

# Indutância em Diversas Configurações

Utilizaremos as fórmulas (3.36), (4.1) e (4.2) para calcular a auto-indutância e a indutância mútua de diversos condutores. Em alguns casos compararemos nossos resultados com os resultados análogos encontrados no livro do Grover.[1]

## 5.1 Corrente Elétrica Unidimensional

Apresentamos duas situações onde não há problema de divergência quando utilizamos elemento de corrente linear para calcular o coeficiente de indutância.

### 5.1.1 Fios Retilíneos e Paralelos

Vamos calcular a induância mútua $M_{par}$ entre dois fios finitos e retilíneos, paralelos entre si, conduzindo corrente. A disposição dos fios está esquematizada na figura 5.1.

A equação (3.36) com $d\vec{r}_\imath = dx_\imath \hat{x}$, $d\vec{r}_\jmath = dx_\jmath \hat{x}$, $\vec{r}_\imath = x_\imath \hat{x}$, $\vec{r}_\jmath = x_\jmath \hat{x} + b\hat{y}$ e com os limites de integração resulta:

$$M_{par} = \frac{\mu_0}{4\pi} \int_0^{\ell_1} dx_\imath \int_a^{a+\ell_2} dx_\jmath$$

[1] [Gro46].

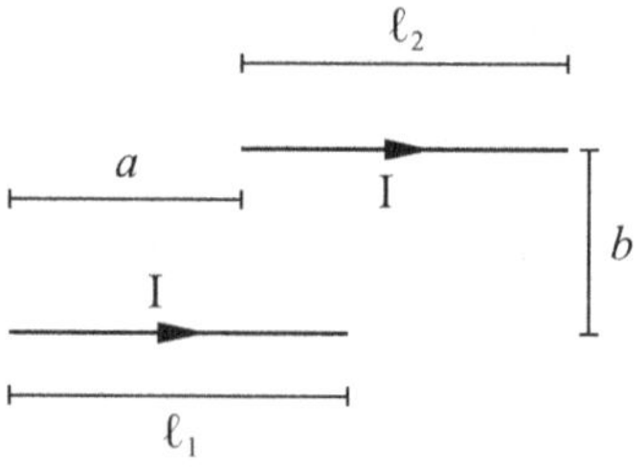


Figura 5.1: Dois fios retilíneos e paralelos, condutores de corrente.

$$\times \left[ \left( \frac{1+k}{2} \right) \frac{1}{[(x_\imath - x_\jmath)^2 + b^2]^{1/2}} + \left( \frac{1-k}{2} \right) \frac{(x_\imath - x_\jmath)^2}{[(x_\imath - x_\jmath)^2 + b^2]^{3/2}} \right] . \tag{5.1}$$

Resolvendo as integrais em (5.1) obtemos o seguinte valor exato:

$$\begin{aligned} M_{par} &= -\frac{\mu_0}{4\pi} \left( a \,\text{senh}^{-1} \left( \frac{a}{b} \right) + (a + \ell_2 - \ell_1) \,\text{senh}^{-1} \left( \frac{a + \ell_2 - \ell_1}{b} \right) \right. \\ &- (a - \ell_1) \,\text{senh}^{-1} \left( \frac{a - \ell_1}{b} \right) - (a + \ell_2) \,\text{senh}^{-1} \left( \frac{a + \ell_2}{b} \right) \\ &- \frac{(3-k)}{2} \left\{ (a^2 + b^2)^{1/2} - [(a - \ell_1)^2 + b^2]^{1/2} \right. \\ &\left. \left. - [(a + \ell_2)^2 + b^2]^{1/2} + [(a + \ell_2 - \ell_1)^2 + b^2]^{1/2} \right\} \right) . \end{aligned} \tag{5.2}$$

A expressão (5.2) mostra que a indutância mútua entre dois fios paralelos e finitos depende do valor de $k$. Portanto, ela tem diferentes valores de acordo com as fórmulas de Neumann, Weber, Maxwell e Graneau.

### 5.1.2 Fios Retilíneos e Perpendiculares

Agora consideramos os fios retilíneos perpendiculares entre si, figura 5.2, calculando a indutância mútua $M_{perp}$.

Substituindo $d\vec{r}_\imath = dx_\imath \hat{x}$, $d\vec{r}_\jmath = dy_\jmath \hat{y}$, $\vec{r}_\imath = x_\imath \hat{x}$ e $\vec{r}_\jmath = a\hat{x} + y_\jmath \hat{y}$ na equação (3.36) com os respectivos limites de integração obtemos:

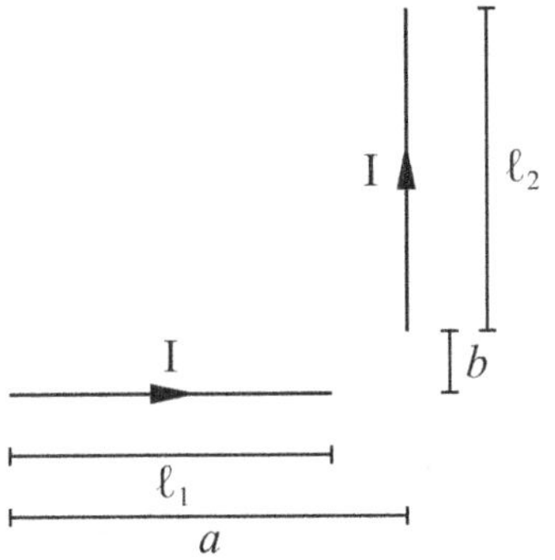


Figura 5.2: Dois fios retilíneos e perpendiculares, condutores de corrente.

$$M_{perp} = -\frac{\mu_0}{4\pi}\left(\frac{1-k}{2}\right)\int_0^{\ell_1} dx_i \int_b^{b+\ell_2} dy_j \left(\frac{(x_i - a)y_j}{[(x_i - a)^2 + y_j^2]^{3/2}}\right) . \quad (5.3)$$

Resolvendo as integrais chega-se ao seguinte valor exato:

$$\begin{aligned} M_{perp} &= \frac{\mu_0}{4\pi}\left(\frac{1-k}{2}\right)\Big\{(a^2+b^2)^{1/2} - [a^2 + (b+\ell_2)^2]^{1/2} \\ &- [(a-\ell_1)^2 + b^2]^{1/2} + [(a-\ell_1)^2 + (b+\ell_2)^2]^{1/2}\Big\} . \quad (5.4) \end{aligned}$$

O valor da indutância mútua dos fios na figura 5.2 tem uma peculiaridade. Apesar de termos utilizado elementos de corrente lineares para o cálculo, o resultado não diverge quando consideramos que os fios se tocam ou se cruzam ($0 < a < \ell_1$, $-\ell_2 < b \leq 0$), como pode ser verificado na equação (5.4).

Novamente o valor obtido na equação (5.4) depende de $k$.

## 5.2 Corrente Elétrica Bidimensional

Nesta Seção as configurações utilizam correntes elétricas fluindo em faixas com elementos de corrente bidimensionais, pois o cálculo com elementos de corrente lineares diverge.

### 5.2.1 Superfície Retangular

Considere a superfície retangular de lados $\ell$ e $\omega$, com corrente uniforme $I$ na direção $\hat{x}$ (figura 5.3).

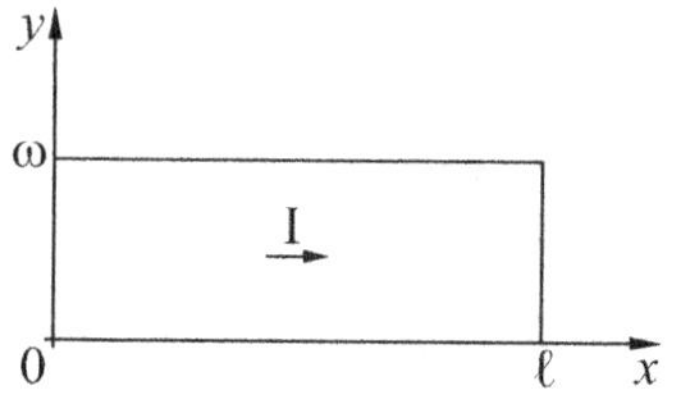


Figura 5.3: Superfície retangular.

Neste caso integramos a equação 4.1 para calcular a auto-indutância $L_{sup}$ da superfície retangular condutora de corrente. Com $\hat{\ell}_\imath = \hat{\ell}_\jmath = \hat{x}$, $\vec{r}_\imath = x_\imath \hat{x} + y_\imath \hat{y}$, $\vec{r}_\jmath = x_\jmath \hat{x} + y_\jmath \hat{y}$, $\omega_\imath = \omega_\jmath = \omega$, $da_\imath = dx_\imath dy_\imath$ e $da_\jmath = dx_\jmath dy_\jmath$ obtemos:

$$\begin{aligned} L_{sup} &= \frac{\mu_0}{4\pi}\frac{1}{\omega^2}\int_0^\ell dx_\imath \int_0^\omega dy_\imath \int_0^\ell dx_\jmath \int_0^\omega dy_\jmath \\ &\times \left[\left(\frac{1+k}{2}\right)\frac{1}{[(x_\imath - x_\jmath)^2 + (y_\imath - y_\jmath)^2]^{1/2}}\right. \\ &+ \left.\left(\frac{1-k}{2}\right)\frac{(x_\imath - x_\jmath)^2}{[(x_\imath - x_\jmath)^2 + (y_\imath - y_\jmath)^2]^{3/2}}\right] . \end{aligned} \tag{5.5}$$

Resolvendo as integrais em (5.5) obtém-se:

$$\begin{aligned} L_{sup} &= \frac{\mu_0}{4\pi}\frac{1}{\omega^2}\left[2\ell\omega^2 \operatorname{senh}^{-1}\left(\frac{\ell}{\omega}\right) + (1+k)\ell^2\omega \operatorname{senh}^{-1}\left(\frac{\omega}{\ell}\right)\right. \\ &- \frac{(3-k)}{3}(\omega^2+\ell^2)^{3/2} + (1-k)\ell^2(\omega^2+\ell^2)^{1/2} \\ &+ \left.\frac{2k}{3}\ell^3 + \frac{(3-k)}{3}\omega^3\right] . \end{aligned} \tag{5.6}$$

Este resultado é exato e o obtivemos pela primeira vez em 1995.[2] Isto mostra o quão poderoso é o método de cálculo do coeficiente de indutância

[2] [BA95].

### 5.2.1 Superfície Retangular

Considere a superfície retangular de lados $\ell$ e $\omega$, com corrente uniforme $I$ na direção $\hat{x}$ (figura 5.3).

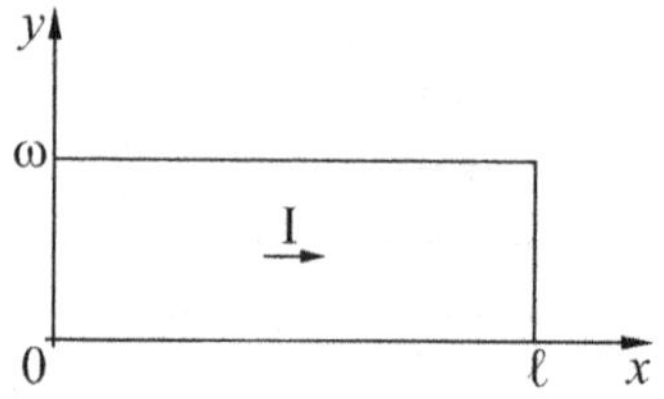


Figura 5.3: Superfície retangular.

Neste caso integramos a equação 4.1 para calcular a auto-indutância $L_{sup}$ da superfície retangular condutora de corrente. Com $\hat{\ell}_i = \hat{\ell}_j = \hat{x}$, $\vec{r}_i = x_i\hat{x} + y_i\hat{y}$, $\vec{r}_j = x_j\hat{x} + y_j\hat{y}$, $\omega_i = \omega_j = \omega$, $da_i = dx_i dy_i$ e $da_j = dx_j dy_j$ obtemos:

$$\begin{aligned} L_{sup} &= \frac{\mu_0}{4\pi}\frac{1}{\omega^2}\int_0^\ell dx_i \int_0^\omega dy_i \int_0^\ell dx_j \int_0^\omega dy_j \\ &\times \left[\left(\frac{1+k}{2}\right)\frac{1}{[(x_i-x_j)^2+(y_i-y_j)^2]^{1/2}}\right. \\ &+ \left.\left(\frac{1-k}{2}\right)\frac{(x_i-x_j)^2}{[(x_i-x_j)^2+(y_i-y_j)^2]^{3/2}}\right] . \end{aligned} \tag{5.5}$$

Resolvendo as integrais em (5.5) obtém-se:

$$\begin{aligned} L_{sup} &= \frac{\mu_0}{4\pi}\frac{1}{\omega^2}\left[2\ell\omega^2 \operatorname{senh}^{-1}\left(\frac{\ell}{\omega}\right) + (1+k)\ell^2\omega \operatorname{senh}^{-1}\left(\frac{\omega}{\ell}\right)\right. \\ &- \frac{(3-k)}{3}(\omega^2+\ell^2)^{3/2} + (1-k)\ell^2(\omega^2+\ell^2)^{1/2} \\ &+ \left.\frac{2k}{3}\ell^3 + \frac{(3-k)}{3}\omega^3\right] . \end{aligned} \tag{5.6}$$

Este resultado é exato e o obtivemos pela primeira vez em 1995.[2] Isto mostra o quão poderoso é o método de cálculo do coeficiente de indutância

[2] [BA95].

apresentado neste livro. Ele fornece resultados em forma analítica. De maneira a comparar os resultados com a literatura, consideramos $\omega \ll \ell$. Expandindo este resultado em $\omega/\ell$ e desprezando os termos de ordem superior a $(\omega/\ell)^3$ obtém-se:

$$L_{sup} \approx \frac{\mu_0 \ell}{4\pi}\left[2\ln\left(\frac{2\ell}{\omega}\right)+k\right] . \tag{5.7}$$

Mais uma vez o resultado depende de $k$. Fazendo $\omega/\ell$ tender a zero, o resultado diverge logaritmicamente. Isto mostra que a auto-indutância de um fio reto filiforme de comprimento $\ell$ com elemento de corrente linear é infinita.

Como fizemos a hipótese $\omega \ll \ell$, este resultado aproximado é válido para qualquer terminação da superfície (ver figura 5.4 (a) e figura 5.4 (b)), e não somente para uma terminação retilínea (figura 5.3). Este resultado tende a infinito quando $\omega/\ell$ tende a zero, mostrando a divergência que ocorre no cálculo da auto-indutância utilizando a equação (3.36).

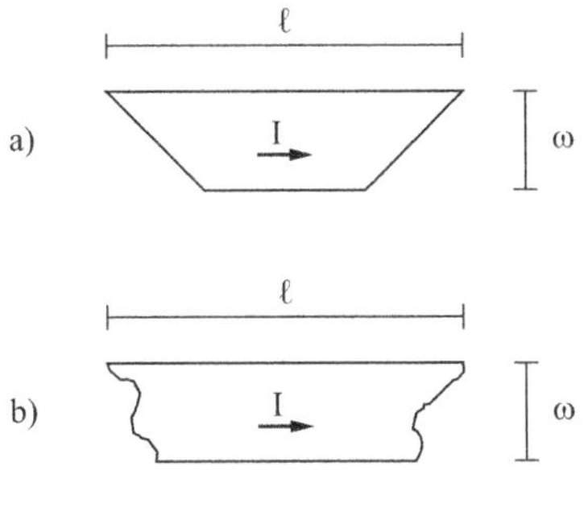


Figura 5.4: A auto-indutância destes circuitos, para $\omega \ll \ell$, também é dada pela equação (5.7).

## 5.2.2 Superfícies Retangulares em Contato

Calcularemos a indutância mútua entre duas superfícies retangulares que estão em contato (figura 5.5).

Para a configuração da figura 5.5 temos: $\hat{\ell}_i = -\hat{x}$, $\hat{\ell}_j = -\hat{y}$, $\vec{r}_i = x_i\hat{x} + y_i\hat{y}$, $\vec{r}_j = x_j\hat{x} + y_j\hat{y}$, $da_i = dx_i dy_i$, $da_j = dx_j dy_j$ e $\omega_i = \omega_j = \omega$. Substituindo estes

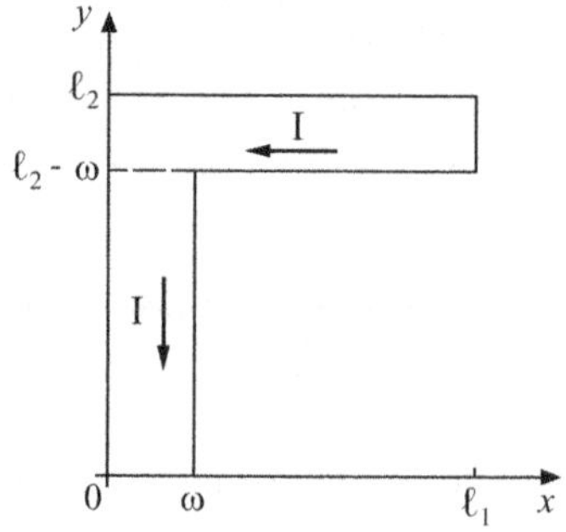


Figura 5.5: Superfícies retangulares em contato.

valores na equação (4.1) com os limites de integração adequados, chega-se ao seguinte resultado:

$$M_{sup}^{cont} = \frac{\mu_0}{4\pi\omega^2}\left(\frac{1-k}{2}\right)\int_0^{\ell_1} dx_i \int_{\ell_2-\omega}^{\ell_2} dy_i \int_0^{\omega} dx_j \int_0^{\ell_2-\omega} dy_j \times \frac{(x_i - x_j)(y_i - y_j)}{[(x_i-x_j)^2 + (y_i - y_j)^2]^{3/2}} . \quad (5.8)$$

Como estamos interessados somente na aproximação $\omega \ll \ell_1$ e $\omega \ll \ell_2$, desprezaremos termos de ordens superiores a $(\omega/\ell_1)^3$ e $(\omega/\ell_2)^3$. Fazendo isto, obtemos a seguinte aproximação para $M_{sup}^{cont}$:

$$M_{sup}^{cont} \approx \frac{\mu_0}{4\pi}\left(\frac{1-k}{2}\right)\left[\ell_1 + \ell_2 - (\ell_1^2 + \ell_2^2)^{1/2}\right] . \quad (5.9)$$

Esta expressão depende de $k$. Vale observar que este resultado não diverge para qualquer valor de $\ell_1$ ou $\ell_2$, apesar das duas superfícies estarem em contato. Já havíamos obtido esta não divergência da auto-indutância para condutores que se tocam na Subseção 5.1.2. Se considerarmos na figura 5.2 que $a = \ell_1$ e que $b = 0$, obteremos a figura 5.5 no limite $\omega$ tendendo a zero. Fazendo estas substituições na equação (5.4) obtemos exatamente a equação (5.9).

Como o resultado (5.9) é válido somente quando $\omega \ll \ell_1$ e $\omega \ll \ell_2$, ele permanecerá válido para qualquer terminação das superfícies, como indicado nas figuras 5.6 (a) e 5.6 (b). Este é o motivo que nos permite calcular a indutância mútua com as superfícies da figura 5.5 que não correspondem à realidade, pois as linhas de corrente são descontínuas, ao invés de utilizarmos as superfícies da figura 5.6 (a), onde as linhas de corrente não sofrem descontinuidade.

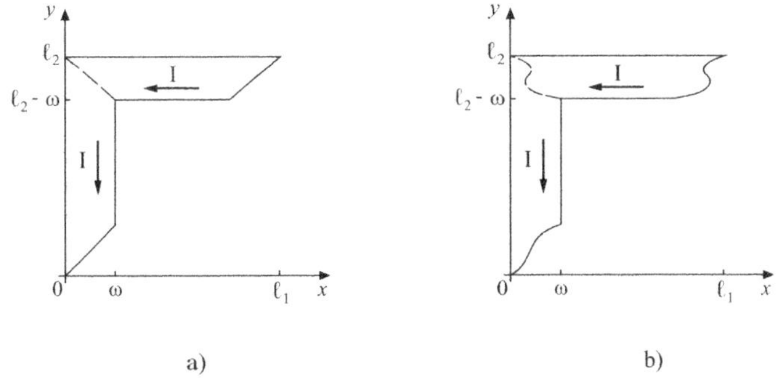


Figura 5.6: A indutância mútua destes circuitos quando $\omega \ll \ell_1$ e $\omega \ll \ell_2$ também é dada pela equação (5.7).

### 5.2.3 Circuito Retangular

Os resultados obtidos nas últimas Seções serão utilizados para calcular a auto-indutância $L_{ccto}^{sup}$ do circuito retangular de lados $\ell_1$ e $\ell_2$, com espessura constante $\omega$, figura 5.7. Há uma corrente superficial uniforme e constante $I$ fluindo no circuito. Nos elementos 1 a 4 a direção da corrente é dada por, respectivamente: $+\hat{x}$, $-\hat{y}$, $-\hat{x}$ e $+\hat{y}$.

A auto-indutância deste circuito pode ser escrita da seguinte forma:

$$L_{ccto}^{sup} = \sum_{i=1}^{4} L_i + \sum_{\substack{i,j=1 \\ i \neq j}}^{4} M_{ij} = 2L_1 + 2L_2 + 8M_{12} + 2M_{13} + 2M_{24} \; . \tag{5.10}$$

Para chegar neste resultado foi utilizado que, por simetria, $L_1 = L_3$, $L_2 = L_4$, $M_{12} = M_{21} = M_{14} = M_{41} = M_{23} = M_{32} = M_{34} = M_{43}$, $M_{13} = M_{31}$ e $M_{24} = M_{42}$.

Na equação (5.10) vamos utilizar os seguintes resultados: equação (5.2) para os valores de $M_{13}$ e $M_{24}$, equação (5.7) para os valores de $L_1$ e $L_2$, assim como a equação (5.9) para o valor de $M_{12}$. Simplificando ainda o resultado final supondo $\ell_1 \gg \omega$ e $\ell_2 \gg \omega$, chegamos ao seguinte valor:

$$+ \left(\frac{1-k}{2}\right) \frac{(x_1 - x_2)^2}{[(x_1 - x_2)^2 + (y_1 - y_2)^2 + (z_1 - z_2)^2]^{3/2}} \Bigg] . \tag{5.12}$$

Para comparar este resultado com as tabelas fazemos uso da aproximação $\omega_1 \lll \ell$, $\omega_2 \lll \ell$ e consideramos somente termos até segunda ordem em $(\omega_1/\ell)$ e $(\omega_2/\ell)$. Obtemos então, após a integração:

$$\begin{aligned} L_{fio}^{vol} \approx & \frac{\mu_0 \ell}{4\pi} \Bigg[ 2\ln(2\ell) - \frac{\omega_1^2}{3\omega_2^2} \ln \omega_1 - \frac{\omega_2^2}{3\omega_1^2} \ln \omega_2 \\ & - \left(1 - \frac{\omega_2^2}{6\omega_1^2} - \frac{\omega_1^2}{6\omega_2^2}\right) \ln(\omega_1^2 + \omega_2^2) - \frac{4}{3}\frac{\omega_1}{\omega_2} \arctan\left(\frac{\omega_2}{\omega_1}\right) \\ & - \frac{4}{3}\frac{\omega_2}{\omega_1} \arctan\left(\frac{\omega_1}{\omega_2}\right) + \frac{7}{6} + k \Bigg] . \end{aligned} \tag{5.13}$$

Um caso particular deste resultado é aquele do fio com seção reta quadrada. Fazendo $\omega_1 = \omega_2 \equiv \omega$ na equação (5.13) ela simplifica-se para a seguinte expressão:

$$L_{fio}^{vol} \approx \frac{\mu_0 \ell}{4\pi} \left[ 2\ln\left(\frac{2\ell}{\omega}\right) - \frac{2}{3}\ln 2 - \frac{2\pi}{3} + \frac{7}{6} + k \right] . \tag{5.14}$$

Este resultado depende de $k$ e diverge quando $\omega$ tende a zero. Sendo a expressão (5.14) válida para $\omega \ll \ell$, ela permanece válida para os fios representados nas figuras 5.9 (a) e (b).

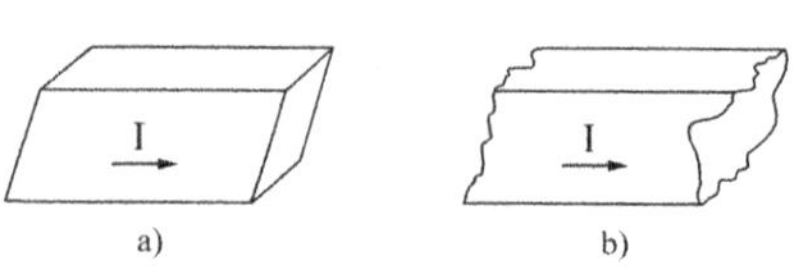


Figura 5.9: A auto-indutância destes fios quando $\omega \ll \ell$ também é dada pela equação (5.14).

Estes dois últimos resultados podem ser comparados com a literatura. Das tabelas que temos conhecimento somente é apresentada a fórmula de Neumann ($k = 1$). O valor $(4\pi/\mu_0)(L/\ell)$ é um parâmetro adimensional (indutância por unidade de comprimento). Consideraremos este parâmetro com 3 dígitos significativos. No livro de Grover encontramos as seguintes expressões para $\omega_2 = 2\omega_1 \equiv 2\omega$ e $\omega_1 = \omega_2 \equiv \omega$, respectivamente:[5]

$$\frac{4\pi L_{fio}^{vol}}{\mu_0 \ell} \approx 2\ln\left(\frac{\ell}{\omega}\right) + 0,185\ , \tag{5.15}$$

e

$$\frac{4\pi L_{fio}^{vol}}{\mu_0 \ell} \approx 2\ln\left(\frac{\ell}{\omega}\right) + 0,996\ . \tag{5.16}$$

Estes resultados foram obtidos com métodos de aproximação que não envolveram as equações (4.1) e (4.2).

Nossa fórmula, equação (5.13), fornece os seguintes resultados algébricos nestas situações, com $k = 1$:

$$\frac{4\pi L_{fio}^{vol}}{\mu_0 \ell} \approx 2\ln\left(\frac{\ell}{\omega}\right) + \frac{2}{3}\ln 2 - \frac{7}{24}\ln 5 + 2\arctan 2 - \frac{4\pi}{3} + \frac{13}{6}\ , \tag{5.17}$$

e

$$\frac{4\pi L_{fio}^{vol}}{\mu_0 \ell} \approx 2\ln\left(\frac{\ell}{\omega}\right) + \frac{4}{3}\ln 2 - \frac{2\pi}{3} + \frac{13}{6}\ . \tag{5.18}$$

Os valores das constantes numéricas nas equações (5.17) e (5.18), com 3 dígitos significativos, são dados por, respectivamente: 0,185 e 0,996. Ou seja, o método utilizado neste livro levou aos mesmos resultados que aqueles tabelados no livro do Grover, indicando o excelente grau de aproximação do método descrito aqui e como ele pode ser largamente aplicado a outras geometrias.

## 5.3.2 Circuito Retangular

Agora podemos calcular a auto-indutância $L_{ccto}^{vol}$ de um circuito retangular com seção reta quadrada. O circuito retangular de lados $\ell_1$ e $\ell_2$ com seção reta quadrada de lados $w$ está representado na figura 5.10.

O que falta ser calculado é a indutância mútua entre lados opostos (como 1 e 3), assim como a indutância mútua entre lados adjacentes (como 1 e 2).

[5] [Gro46, pág. 35].

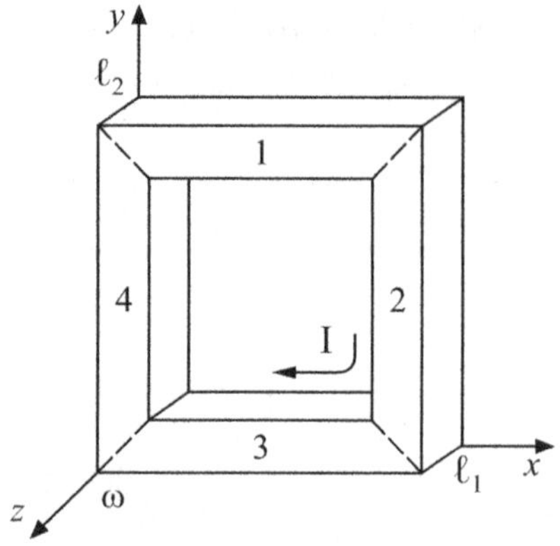


Figura 5.10: Circuito retangular volumétrico.

Como estamos considerando $\omega_1$ e $\omega_2$ muito menores que $\ell_1$ e $\ell_2$, o resultado dado pela equação (5.2) representa o valor aproximado da indutância mútua entre lados opostos. Analogamente, a indutância mútua entre quaisquer dois lados adjacentes é dada pela equação (5.9).

Na equação (5.10) vamos utilizar os seguintes valores: a equação (5.14) para os cálculos de $L_1$ e $L_2$, a equação (5.9) para o cálculo de $M_{12}$, assim como a equação (5.2) para os cálculos de $M_{13}$ e $M_{24}$. Desta forma obtemos então, com $\omega_1 = \omega_2 \equiv \omega$:

$$\begin{aligned} L_{ccto}^{vol} &= \frac{\mu_0 \ell_2}{2\pi}\left[2\ln\left(\frac{2\ell_2}{\omega}\right) + 2\frac{\ell_1}{\ell_2}\ln\left(\frac{2\ell_1}{\omega}\right) - 2\,\mathrm{senh}^{-1}\left(\frac{\ell_2}{\ell_1}\right)\right. \\ &\quad - 2\frac{\ell_1}{\ell_2}\,\mathrm{senh}^{-1}\left(\frac{\ell_1}{\ell_2}\right) + 4\left(1+\frac{\ell_1^2}{\ell_2^2}\right)^{1/2} \\ &\quad \left. + \left(1+\frac{\ell_1}{\ell_2}\right)\left(\frac{1}{6}-\frac{2}{3}\ln 2 - \frac{2\pi}{3}\right) + O\left(\frac{\omega}{\ell_1}\right)^3 + O\left(\frac{\omega}{\ell_2}\right)^3\right] . \end{aligned} \tag{5.19}$$

Mais uma vez, este resultado é independente de $k$. Portanto, ele tem o mesmo valor para as fórmulas de Neumann, Weber, Maxwell e Graneau. Apresentamos este resultado pela primeira vez em 1995.[6]

[6] [BA95].

Vamos comparar o nosso resultado dado pela equação (5.19) com o resultado tabulado por Grover para esta geometria, figura 5.10. Na equação (5.10) vamos utilizar os seguintes valores: a equação (5.16) para os cálculos de $L_1$ e $L_2$, a equação (5.9) com $k = 1$ para o cálculo de $M_{12}$, assim como a equação (5.2) com $k = 1$ para os cálculos de $M_{13}$ e $M_{24}$. Desta forma obtemos que o resultado do Grover é dado por:

$$\begin{aligned} L_{ccto}^{vol} \approx \; & \frac{\mu_0 \ell_2}{2\pi}\left[2\ln\left(\frac{2\ell_2}{\omega}\right) + 2\frac{\ell_1}{\ell_2}\ln\left(\frac{2\ell_1}{\omega}\right) - 2\,\text{senh}^{-1}\left(\frac{\ell_2}{\ell_1}\right)\right. \\ & - 2\frac{\ell_1}{\ell_2}\,\text{senh}^{-1}\left(\frac{\ell_1}{\ell_2}\right) + 4\left(1+\frac{\ell_1^2}{\ell_2^2}\right)^{1/2} \\ & \left. - \left(1+\frac{\ell_1}{\ell_2}\right)(2\ln 2 + 1,004)\right] . \qquad (5.20) \end{aligned}$$

Comparando as equações (5.19) e (5.20) vemos que elas podem diferir somente no coeficiente numérico do fator $(1 + \ell_1/\ell_2)$. Na equação (5.19) ele é dado por: $[1/6 - (2/3)(\ln 2) - 2\pi/3] \approx -2,390$. Já pelo método de aproximação utilizado no livro do Grover este fator é dado por: $-(2\ln 2 + 1,004) \approx -2,390$. Ou seja, estes fatores são iguais entre si, embora calculados por métodos diferentes. Obtivemos então um excelente acordo entre o método descrito neste livro e a aproximação utilizada na obra do Grover.

Neste Capítulo aplicamos o método descrito neste livro para o cálculo do coeficiente de indutância a diversas configurações. Resolvemos os problemas de divergência apresentados em algumas geometrias onde os livros normalmente utilizam complicados métodos de aproximação (como por exemplo, a auto-indutância do fio de seção reta retangular, figura 5.13, equação (5.13)). Obtivemos na comparação dos resultados do método descrito aqui com aqueles tabulados no livro do Grover um excelente acordo. Por fim, obtivemos que para os circuitos retangulares fechados das figuras 5.7 e 5.10, o valor da auto-indutância é o mesmo com as fórmulas de Neumann, Weber, Maxwell e Graneau. Novamente, este é um resultado totalmente novo e que iremos generalizar para outros circuitos no próximo Capítulo.

# Capítulo 6

# Equivalência Completa

Como vimos na Seção 3.7, quando calculamos a indutância mútua entre circuitos fechados de corrente, obtemos o mesmo valor com as fórmulas de Neumann, Weber, Maxwell e Graneau. A importância do circuito de corrente ser fechado pôde ser constatada quando calculamos a indutância mútua, por exemplo, entre os fios retilíneos das Subseções 5.1.1 e 5.1.2, ou entre as superfícies retangulares na Subseção 5.2.2, já que nestes casos os valores obtidos para a indutância mútua dependeram de $k$. A auto-indutância para circuitos abertos também apresenta valores distintos para cada uma das fórmulas. Este resultado foi obtido nos cálculos da auto-indutância da casca cilíndrica com corrente axial na Subseção 4.3.2, assim como no caso da superfície retangular da Subseção 5.2.1. Por outro lado, para as auto-indutâncias do solenoide (Subseção 4.3.1), do circuito retangular superficial (Subseção 5.2.3) e do circuito retangular volumétrico (Subseção 5.3.2), todos circuitos fechados de corrente, a equivalência é total. Este fato parece sugerir que a equivalência citada para a indutância mútua vale para a auto-indutância, nas mesmas condições. Este é o objetivo deste Capítulo. Ou seja, vamos demonstrar que as equivalências citadas anteriormente para a auto-indutância de circuitos fechados de formatos específicos não são acidentais, mas sim exemplos de um resultado genérico válido para circuitos fechados de formato arbitrário.

## 6.1 Preliminares

Primeiro, demonstraremos que se decompusermos um circuito fechado em dois outros circuitos fechados, a auto-indutância do circuito original pode

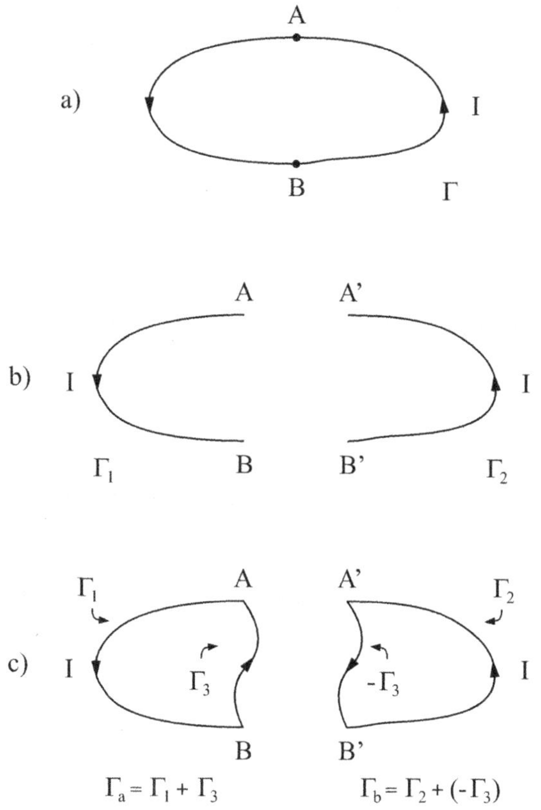


Figura 6.1: Divisão do circuito fechado $\Gamma$ em dois outros, $\Gamma_a$ e $\Gamma_b$.

ser escrita como a soma da auto-indutância dos dois novos circuitos mais a indutância mútua entre eles.

Considere um circuito genérico $\Gamma$, descrito na figura 6.1 (a).

O circuito é dividido em dois circuitos abertos através dos pontos $A$ e $B$. Os dois circuitos abertos resultantes, $\Gamma_1$ com terminações $A$ e $B$, assim como $\Gamma_2$ com terminações $A'$ e $B'$ (figura 6.1 (b)), são fechados com os circuitos abertos representados por $\Gamma_3$ e $-\Gamma_3$, respectivamente (figura 6.1 (c)). Designamos o circuito fechado $\Gamma_1 + \Gamma_3$ por $\Gamma_a$ e o circuito fechado $\Gamma_2 + (-\Gamma_3)$ por $\Gamma_b$. Unindo os pontos $A$ com $A'$ e $B$ com $B'$, resulta o circuito fechado original $\Gamma$ (figura 6.1 (a)).

Como não podemos utilizar elemento de corrente linear para calcular

a auto-indutância devido aos problemas de divergência, vamos utilizar elemento de corrente superficial. Seja $d^4M_{ij}$ a indutância mútua entre os elementos $i$ e $j$ em $\Gamma$. A auto-indutância $L_\Gamma$ do circuito $\Gamma$ pode ser escrita como:

$$\begin{aligned} L_\Gamma &= \int\int_\Gamma\int\int_\Gamma d^2M_{ij} \\ &= \left(\int\int_{\Gamma_1} + \int\int_{\Gamma_2}\right)\left(\int\int_{\Gamma_1} + \int\int_{\Gamma_2}\right) d^4M_{ij} \\ &= \left(\int\int_{\Gamma_1}\int\int_{\Gamma_1} + 2\int\int_{\Gamma_1}\int\int_{\Gamma_2} + \int\int_{\Gamma_2}\int\int_{\Gamma_2}\right) d^4M_{ij} \, . \end{aligned} \tag{6.1}$$

Analogamente, as auto-indutâncias $L_{\Gamma_a}$ do circuito $\Gamma_a$ e $L_{\Gamma_b}$ do circuito $\Gamma_b$, assim a indutância mútua $M_{\Gamma_a\Gamma_b}$ entre $\Gamma_a$ e $\Gamma_b$, são dadas por, respectivamente:

$$L_{\Gamma_a} = \left(\int\int_{\Gamma_1}\int\int_{\Gamma_1} + 2\int\int_{\Gamma_1}\int\int_{\Gamma_3} + \int\int_{\Gamma_3}\int\int_{\Gamma_3}\right) d^4M_{ij} \, , \tag{6.2}$$

$$L_{\Gamma_b} = \left(\int\int_{\Gamma_2}\int\int_{\Gamma_2} - 2\int\int_{\Gamma_2}\int\int_{\Gamma_3} + \int\int_{\Gamma_3}\int\int_{\Gamma_3}\right) d^4M_{ij} \, , \tag{6.3}$$

$$\begin{aligned} M_{\Gamma_a\Gamma_b} &= \left(\int\int_{\Gamma_1}\int\int_{\Gamma_2} - \int\int_{\Gamma_1}\int\int_{\Gamma_3} + \int\int_{\Gamma_2}\int\int_{\Gamma_3}\right. \\ &\quad \left. - \int\int_{\Gamma_3}\int\int_{\Gamma_3}\right) d^4M_{ij} \, , \end{aligned} \tag{6.4}$$

onde utilizamos na equação (6.3) que $\int\int_{-\Gamma_3} = -\int\int_{\Gamma_3}$.

Calculando $L_{\Gamma_a} + L_{\Gamma_b} + 2M_{\Gamma_a\Gamma_b}$ utilizando as equações (6.2) até (6.4) e comparando o resultado com a equação (6.1) resulta no seguinte valor:

$$L_\Gamma = L_{\Gamma_a} + L_{\Gamma_b} + 2M_{\Gamma_a\Gamma_b} \, . \tag{6.5}$$

A equação (6.5) mostra que a auto-indutância do circuito fechado $\Gamma$ da figura 6.1 (a) é dada pela soma da indutância mútua entre os circuitos fechados $\Gamma_a$ e $\Gamma_b$ da figura 6.1 (c), juntamente com as auto-indutâncias de $\Gamma_a$ e $\Gamma_b$, quando as curvas conectando os pontos $A$ com $B$ e $A'$ com $B'$ da figura 6.1 (c) coincidem entre si.

O resultado da equação (6.5) pode ser generalizado para $N$ circuitos fechados dividindo o circuito original $\Gamma$. Seguindo o mesmo raciocínio que levou à equação (6.5), obtemos que:

$$L_\Gamma = \sum_{i=1}^{N} L_{\Gamma_i} + \sum_{\substack{i,j=1 \\ i\neq j}}^{N} M_{\Gamma_i\Gamma_j} \,. \tag{6.6}$$

# 6.2 Demonstrações da Equivalência

## 6.2.1 Primeira Demonstração

Demonstramos, agora, a equivalência entre as fórmulas de auto-indutância dadas por Neumann, Weber, Maxwell e Graneau. Os resultados desta Seção estão contidos em um artigo de 1997.[1]

Primeiro, considere o circuito $\Gamma$ descrito na figura 6.2 (a). Supomos que este circuito é composto de elementos superficiais. A espessura do circuito é dada por $\omega$.

Dividimos $\Gamma$ em $N$ circuitos $\Gamma_i$, cada um deles com espessura $\omega_i$ e corrente $I_i$, de tal maneira que $w = \sum_{i=1}^{N} w_i$ e $I_i = I\omega_i/\omega$, como indicado nas figuras 6.2 (b) e 6.2 (c). Escolhemos um valor grande para $N$ de maneira a fazer $\omega_i \ll \omega$ e $\omega_i \ll \ell$, sendo $\ell$ é o comprimento de $\Gamma$.

A auto-indutância $L_\Gamma$ do circuito $\Gamma$, nas figuras 6.2 (a) e 6.2 (b), pode ser escrita como:

$$\begin{aligned} L_\Gamma &= \int\int_{S_\Gamma}\int\int_{S_\Gamma} d^4M_{ij} \\ &= \left(\sum_{n=1}^{N}\int\int_{S_{\Gamma_n}}\right)\left(\sum_{n=1}^{N}\int\int_{S_{\Gamma_n}}\right) d^4M_{ij} \\ &= \sum_{n=1}^{N} L_{\Gamma_n} + \sum_{\substack{m,n \\ m\neq n}}^{N} M_{\Gamma_m\Gamma_n} \,, \end{aligned} \tag{6.7}$$

onde $S_\Gamma$ é a superfície do circuito $\Gamma$, $L_{\Gamma_n} \equiv \int\int_{S_{\Gamma_n}}\int\int_{S_{\Gamma_n}} d^4M_{ij}$ e $M_{\Gamma_m\Gamma_n} \equiv \int\int_{S_{\Gamma_m}}\int\int_{S_{\Gamma_n}} d^4M_{ij}$.

[1][BA97a].

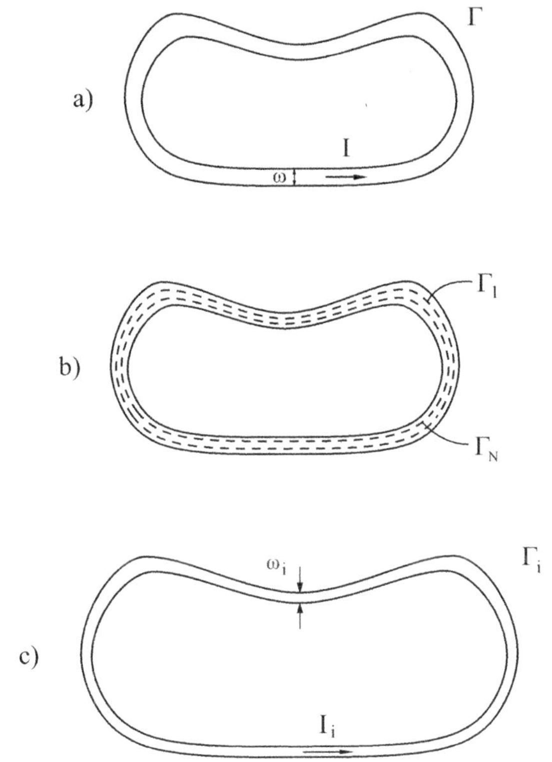


Figura 6.2: Circuito genérico Γ.

Aproximamos o circuito $\Gamma_i$ na figura 6.2 (c) por um número $N_i$ de circuitos fechados retangulares $\Gamma_{ij}$, sendo que em cada um destes circuitos retangulares flui uma corrente $I_i$ no mesmo sentido que o fluxo da corrente no circuito $\Gamma_i$, como indicado na figura 6.3. Esta aproximação pode ser aprimorada ao nível desejado, apenas diminuindo as áreas dos retângulos e aumentando a sua quantidade $N_i$.

A partir da equação (6.6) podemos então obter o seguinte resultado:

$$L_{\Gamma_i} = \sum_{j=1}^{N_i} L_{\Gamma_{ij}} + \sum_{\substack{j,k=1 \\ j \neq k}}^{N_i} M_{\Gamma_{ij}\Gamma_{ik}} \ . \tag{6.8}$$

A auto-indutância $L_{\Gamma_{ij}}$ do retângulo $\Gamma_{ij}$ foi calculada na Subseção 5.2.3.

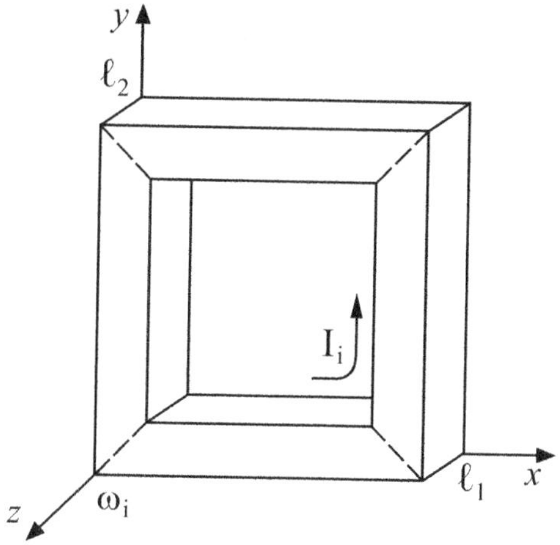


Figura 6.5: Circuito retangular volumétrico $\Gamma_{ij}$.

Provamos desta maneira que a auto-indutância de um circuito fechado de forma arbitrária, com corrente bidimensional ou tridimensional, terá sempre o mesmo valor quando calculada com as fórmulas de Neumann, Weber, Maxwell e Graneau. No caso de circuitos com elemento de corrente linear, todas estas expressões divergem. Já para correntes bidimensionais ou tridimensionais a auto-indutância terá valores finitos. Além da importância teórica deste fato, ele mostra que na prática podemos utilizar a fórmula que mais simplificar os cálculos no caso de uma geometria específica. Ou seja, podemos escolher a fórmula de Neumann, de Weber, de Maxwell ou de Graneau para fazer as contas. O resultado será sempre o mesmo, não importando a forma do circuito, desde que todas as linhas de corrente sejam fechadas.

# Parte III

# Cálculo de Força

# Capítulo 7

# Força entre Elementos de Corrente

Enquanto na primeira parte deste trabalho apresentamos cálculos e fizemos demonstrações sobre o coeficiente de indutância, nesta segunda parte faremos o análogo para a força entre elementos de corrente. Estaremos analisando duas expressões para a força entre elementos de corrente: a força de Ampère e a força de Grassmann.

## 7.1 Força de Ampère

Na célebre experiência de Oersted uma agulha imantada sofre a ação de um torque devido a um fio conduzindo uma corrente elétrica.[1] Este fato foi interpretado por Biot e Savart como sendo devido a uma imantação do fio quando uma corrente elétrica passava sobre ele. Chegaram então a uma expressão para a suposta força exercida por um elemento de corrente ao atuar sobre um polo magnético de um ímã.[2] Ampère, por outro lado, acreditava que o resultado obtido por Oersted era fruto da interação entre correntes elétricas. Ele supôs que esta interação ocorria entre a corrente no fio condutor e as correntes microscópicas que ele supôs gerarem o comportamento magnético na agulha. Esta é a chamada *conjectura de Ampère*: A propriedade magnética dos ímãs permanentes ocorre devida ao fluxo de correntes elétricas microscópicas em cada molécula do material.

[1] [Mar86].
[2] [AC06].

Como podemos ver na expressão acima, $\vec{F}_{21}^W = -\vec{F}_{12}^W$.

Esta não é a única maneira que temos para obter a força de Weber. Podemos também deduzir esta força através da utilização de uma energia potencial lagrangiana de Weber $U_{12}^W$, como discutido em um artigo de 1994.[9] Uma outra maneira pode ser encontrada no trabalho de Wesley.[10]

### 7.1.2 Expressão de Ampère

Deduziremos a força de Ampère a partir da força de Weber, utilizando o modelo de elemento de corrente apresentado na Seção 3.2. Considere os dois elementos de corrente da figura 3.1. A força de Ampère $d^2\vec{F}_{ji}^A$ no elemento $i$ devida ao elemento $j$ será dada pela superposição das forças atuando em cada uma das cargas infinitesimais que constituem o elemento $i$ devidas às cargas pertencentes ao elemento $j$. Para a força entre as cargas utilizamos a força de Weber. Com notação óbvia, podemos escrever:

$$d^2\vec{F}_{ji}^A \equiv d^2\vec{F}_{j+i+}^W + d^2\vec{F}_{j+i-}^W + d^2\vec{F}_{j-i+}^W + d^2\vec{F}_{j-i-}^W \,. \tag{7.5}$$

Utilizando a neutralidade dos elementos de corrente ($dq_- = -dq_+$) e a expressão para a força de Weber dada pela equação (7.3), obtemos então para cada uma das parcelas na equação (7.5) os seguintes resultados:

$$\begin{aligned} d^2\vec{F}_{j+i+}^W &= \frac{dq_{i+}dq_{j+}}{4\pi\epsilon_0}\frac{\hat{r}_{ij}}{r_{ij}^2}\left(1 + \frac{1}{c^2}\left\{(\dot{\vec{r}}_{i+} - \dot{\vec{r}}_{j+})\cdot(\dot{\vec{r}}_{i+} - \dot{\vec{r}}_{j+})\right.\right. \\ &\left.\left. - \frac{3}{2}\left[\hat{r}_{ij}\cdot(\dot{\vec{r}}_{i+} - \dot{\vec{r}}_{j+})\right]^2 + \vec{r}_{ij}\cdot(\ddot{\vec{r}}_{i+} - \ddot{\vec{r}}_{j+})\right\}\right) \,, \end{aligned} \tag{7.6}$$

$$\begin{aligned} d^2\vec{F}_{j+i-}^W &= -\frac{dq_{i+}dq_{j+}}{4\pi\epsilon_0}\frac{\hat{r}_{ij}}{r_{ij}^2}\left(1 + \frac{1}{c^2}\left\{(\dot{\vec{r}}_{i+} - \dot{\vec{r}}_{j-})\cdot(\dot{\vec{r}}_{i+} - \dot{\vec{r}}_{j-})\right.\right. \\ &\left.\left. - \frac{3}{2}\left[\hat{r}_{ij}\cdot(\dot{\vec{r}}_{i+} - \dot{\vec{r}}_{j-})\right]^2 + \vec{r}_{ij}\cdot(\ddot{\vec{r}}_{i+} - \ddot{\vec{r}}_{j-})\right\}\right) \,, \end{aligned} \tag{7.7}$$

[9] [Bue94].

[10] [Wes87b].

$$d^2\vec{F}^W_{j-i+} = -\frac{dq_{i+}dq_{j+}}{4\pi\epsilon_0}\frac{\hat{r}_{ij}}{r^2_{ij}}\left(1+\frac{1}{c^2}\left\{(\dot{\vec{r}}_{i-}-\dot{\vec{r}}_{j+})\cdot(\dot{\vec{r}}_{i-}-\dot{\vec{r}}_{j+})\right.\right.$$
$$\left.\left.-\frac{3}{2}\left[\hat{r}_{ij}\cdot(\dot{\vec{r}}_{i-}-\dot{\vec{r}}_{j+})\right]^2+\vec{r}_{ij}\cdot(\ddot{\vec{r}}_{i-}-\ddot{\vec{r}}_{j+})\right\}\right), \quad (7.8)$$

$$d^2\vec{F}^W_{j-i-} = \frac{dq_{i+}dq_{j+}}{4\pi\epsilon_0}\frac{\hat{r}_{ij}}{r^2_{ij}}\left(1+\frac{1}{c^2}\left\{(\dot{\vec{r}}_{i-}-\dot{\vec{r}}_{j-})\cdot(\dot{\vec{r}}_{i-}-\dot{\vec{r}}_{j-})\right.\right.$$
$$\left.\left.-\frac{3}{2}\left[\hat{r}_{ij}\cdot(\dot{\vec{r}}_{i-}-\dot{\vec{r}}_{j-})\right]^2+\vec{r}_{ij}\cdot(\ddot{\vec{r}}_{i-}-\ddot{\vec{r}}_{j-})\right\}\right), \quad (7.9)$$

onde já utilizamos a aproximação para os elementos de corrente ($\vec{r}_{i+j+} \approx \vec{r}_{ij}$, ...).

Substituindo as expressões (7.6) até (7.9) na equação (7.5) chega-se à equação (7.1), onde utilizamos a definição (3.1): $I_i d\vec{r}_i = dq_{i+}(\dot{\vec{r}}_{i+} - \dot{\vec{r}}_{i-})$, com uma expressão similar valendo para o elemento de corrente $j$. Neste caso $I_i = I_1$ para todo $i$ e $I_j = I_2$ para todo $j$.

Esta é a força de Ampère entre os elementos de corrente $i$ e $j$ da figura 3.1. A equação (7.1) demonstra que a força de Ampère satisfaz o princípio de ação e reação para todos os elementos de corrente. Além disso, a força é sempre central, apontando ao longo da reta que une os dois elementos, não importando suas orientações espaciais.

A única hipótese que utilizamos para esta dedução foi a neutralidade dos elementos de corrente. Não importa se as cargas nos elementos de corrente estão aceleradas, já que a aceleração não aparece no resultado final (7.1). Também não importa se os módulos das velocidades das cargas positivas e negativas em cada elemento são iguais ou distintos entre si. Portanto, a força de Ampère vale mesmo quando a corrente está variando no tempo (corrente alternada, transientes, ...). Além disto, ela vale não só em correntes metálicas nas quais os íons positivos estão parados em relação ao condutor ($\dot{\vec{r}}_+ = \vec{0}$) sendo que apenas os elétrons se movem em relação ao fio, mas também em plasmas gasosos e em fenômenos de eletrólise nos quais as cargas positivas também se movem em relação ao meio condutor.

A não imposição de restrições aos módulos das velocidades das cargas positivas e negativas nos elementos de corrente na dedução da força de Ampère, equação (7.1), a partir da força de Weber, equação (7.3), demonstra que não é necessário utilizarmos a hipótese Fechner para chegar na força de Ampère.[11] Hoje em dia já sabemos através de diversos experimentos, como por exemplo o efeito Hall, que a hipótese de Fechner não é verdadeira para as correntes elétricas em fios metálicos.[12] Portanto, não tem sentido ou fundamento a objeção à eletrodinâmica de Weber,[13] devida ao fato de Weber ter utilizado inicialmente a hipótese de Fechner. Isto é, a partir da eletrodinâmica de Weber se deduz exatamente a força de Ampère, mesmo não valendo a hipótese de Fechner.

Além dos livros didáticos não discutirem em detalhe a questão da força entre elementos de corrente, alguns chamam a expressão da força entre circuitos fechados de corrente deduzida da força de Grassmann como sendo a força de Ampère.[14] A força de Grassmann é o assunto da próxima Seção.

## 7.2 Força de Grassmann

A força de Ampère é fruto de um minucioso trabalho experimental desenvolvido com o intuito de entender os resultados experimentais de Oersted. Já a expressão para a força entre elementos de corrente na eletrodinâmica clássica, a força de Grassmann, é fruto do trabalho teórico em matemática realizado por Grassmann. Grassmann sugeriu em 1845,[15] mais de 20 anos após Ampère, uma expressão para a força entre elementos de corrente. Mais tarde, esta expressão veio a se tornar a parte magnética ($q\dot{\vec{r}} \times \vec{B}$) da força de Lorentz, com $\vec{B}$ sendo o campo magnético devido a um elemento de corrente ou então sendo devido a um condutor fechado conduzindo uma corrente constante.

A força de Grassmann no elemento $I_i d\vec{r}_i$, localizado em $\vec{r}_i$, exercida pelo elemento $I_j d\vec{r}_j$, localizado em $\vec{r}_j$, é dada por:

$$\begin{aligned} d^2\vec{F}^G_{ji} &= I_i d\vec{r}_i \times d\vec{B}_j(\vec{r}_i) = I_i d\vec{r}_i \times \left(\frac{\mu_0}{4\pi}\frac{I_j d\vec{r}_j \times \hat{r}_{ij}}{r^2_{ij}}\right) \\ &= \frac{\mu_0 I_i I_j}{4\pi}\frac{1}{r^2_{ij}}[(d\vec{r}_i \cdot \hat{r}_{ij})d\vec{r}_j - (d\vec{r}_i \cdot d\vec{r}_j)\hat{r}_{ij}] \ . \end{aligned} \tag{7.10}$$

---

[11]Ver Seção 3.2.

[12][Ass90], [Ass94, Seção 4.2] e [Ass95, pág. 88].

[13]Como aparece em [Whi73, págs 205–206].

[14][Jac75, pág. 169–173].

[15][Gra45, Gra65].

Na equação (7.10) temos que $d\vec{B}_j(\vec{r}_i)$ é a expressão do campo magnético no ponto $\vec{r}_i$ devido ao elemento de corrente $I_j d\vec{r}_j$ localizado em $\vec{r}_j$, como discutido por diversos autores.[16]

Deve ser observado que a força de Grassmann entre elementos de corrente não satisfaz ao princípio de ação e reação de forma geral, já que normalmente teremos $d^2\vec{F}_{ij}^G \neq -d^2\vec{F}_{ji}^G$. Apenas em alguns casos particulares valerá a igualdade $d^2\vec{F}_{ij}^G = -d^2\vec{F}_{ji}^G$. Além disto, em geral a força de Grassmann não vai estar apontando ao longo da reta que une os dois elementos. Trocando entre si os índices $i$ e $j$ na equação (7.10) obtém-se:

$$\begin{aligned} d^2\vec{F}_{ij}^G &= \frac{\mu_0 I_i I_j}{4\pi}\frac{1}{r_{ji}^2}[d\vec{r}_j \times (d\vec{r}_i \times \hat{r}_{ji})] \\ &= -\frac{\mu_0 I_i I_j}{4\pi}\frac{1}{r_{ij}^2}[(d\vec{r}_j \cdot \hat{r}_{ij})d\vec{r}_i - (d\vec{r}_i \cdot d\vec{r}_j)\hat{r}_{ij}] \\ &\neq -d^2\vec{F}_{ji}^G \, . \end{aligned} \quad (7.11)$$

## 7.2.1 Força de Liénard-Schwarzchild

Na eletrodinâmica clássica a força que descreve a interação eletrodinâmica entre partículas carregadas é a força de Lorentz. Podemos escrevê-la em função dos campos eletromagnéticos $\vec{E}$ e $\vec{B}$, ou então em função do potencial escalar elétrico $\Phi$ e do potencial vetor magnético $\vec{A}$, da seguinte forma:

$$\vec{F}^L = q\vec{E} + q\dot{\vec{r}} \times \vec{B} = -q\left(\nabla\Phi + \frac{\partial\vec{A}}{\partial t}\right) + q\dot{\vec{r}} \times (\nabla \times \vec{A}) \, . \quad (7.12)$$

Nesta última forma, quando substituímos os referidos potenciais pelos potenciais de Liénard-Wiechert, obtemos o que chamamos de força de Liénard-Schwarzchild. Esta força descreve a interação eletrodinâmica entre duas cargas pontuais tais como, por exemplo, as cargas da figura 3.3.

Até segunda ordem em $v/c$ os campos elétrico e magnético no ponto $\vec{r}_1$ devidos a uma carga pontual $q_2$ localizada em $\vec{r}_2$, movendo-se com velocidade $\dot{\vec{r}}_2$ e aceleração $\ddot{\vec{r}}_2$ em relação a um referencial inercial $O$, são dados por:[17]

[16] [Whi73, págs. 67–94], [Nus97, Seção 8.3] e [AC06].

[17] [O'R65, Vol. 1, págs. 215–223], [PK74], [EKL76], [Ass94, Seções 6.2 e 6.8, págs. 143–147 e 177–179] e [Ass95, Seções 1.5 e 1.6, págs. 31-33 e 41].

$$\begin{aligned}\vec{E}_2(\vec{r}_1) &= \frac{q_2}{4\pi\epsilon_0}\frac{1}{r_{12}^2}\left[\hat{r}_{12}\left(1+\frac{\dot{\vec{r}}_2\cdot\dot{\vec{r}}_2}{2c^2}-\frac{3}{2}\frac{(\hat{r}_{12}\cdot\dot{\vec{r}}_2)^2}{c^2}\right.\right.\\ &\left.\left.-\frac{\vec{r}_{12}\cdot\ddot{\vec{r}}_2}{2c^2}\right)-\frac{r_{12}\ddot{\vec{r}}_2}{2c^2}\right], \qquad (7.13)\end{aligned}$$

$$\vec{B}_2(\vec{r}_1)=\frac{q_2}{4\pi\epsilon_0}\frac{1}{r_{12}^2}\frac{\dot{\vec{r}}_2\times\hat{r}_{12}}{c^2}. \qquad (7.14)$$

Nestas expressões todas as grandezas (incluindo $\vec{r}_1$, $\vec{r}_2$, $\dot{\vec{r}}_2$ e $\ddot{\vec{r}}_2$) são calculadas e medidas no tempo presente $t$ e não no tempo retardado $t^*=t-r_{12}/c$. Para chegar nas equações (7.13) e (7.14) já se fez uma expansão nos potenciais retardados em torno de $t^*=t$. Estas expressões incluem termos até segunda ordem em $v/c$, inclusive. Elas foram deduzidas levando em conta os efeitos de tempo retardado, de radiação eletromagnética, sendo ainda compatíveis com a teoria da relatividade de Einstein. Para saber a força que uma carga $q_1$ localizada no tempo $t$ em $\vec{r}_1$ vai sofrer, basta usar a força de Lorentz $\vec{F}_{21}^L=q_1\vec{E}_2+q_1\dot{\vec{r}}_1\times\vec{B}_2$. O resultado final é a chamada força de Liénard-Schwarzschild.

Uma maneira alternativa de deduzir a força de Liénard-Schwarzschild é através da lagrangiana de Darwin (ver Subseção 3.5.1), utilizando o formalismo lagrangiano para a dedução da força. A energia potencial lagrangiana de Darwin $U_{12}^D$ é dada pela equação (3.20).

A expressão para calcular a força de Liénard-Schwarzschild entre as cargas $q_1$ e $q_2$, $\vec{F}_{21}^{LS}$, através da energia potencial lagrangiana de Darwin apresentada anteriormente, é dada por:[18]

$$\vec{F}_{21}^{LS}=\sum_{m=1}^{3}\left(-\frac{\partial U_{12}^D}{\partial x_{1m}}+\frac{d}{dt}\frac{\partial U_{12}^D}{\partial \dot{x}_{1m}}\right)\hat{x}_m\,, \qquad (7.15)$$

onde $x_{11}\equiv x_1$, $x_{12}\equiv y_1$, $x_{13}\equiv z_1$, $\hat{x}_1=\hat{x}$, $\hat{x}_2=\hat{y}$ e $\hat{x}_3=\hat{z}$.

Substituindo a equação (3.20) na expressão (7.15) e fazendo os cálculos chegamos ao seguinte resultado:

$$\vec{F}_{21}^{LS} = \frac{q_1q_2}{4\pi\epsilon_0}\frac{1}{r_{12}^2}\left\{\left[\hat{r}_{12}\left(1+\frac{\dot{\vec{r}}_2\cdot\dot{\vec{r}}_2}{2c^2}-\frac{3}{2}\frac{(\hat{r}_{12}\cdot\dot{\vec{r}}_2)^2}{c^2}\right.\right.\right.$$

[18][Bue94].

$$- \frac{\vec{r}_{12} \cdot \ddot{\vec{r}}_2}{2c^2}\Bigg) - \frac{r_{12}\ddot{\vec{r}}_2}{2c^2}\Bigg] + \dot{\vec{r}}_1 \times \left(\frac{\dot{\vec{r}}_2 \times \hat{r}_{12}}{c^2}\right)\Bigg\} . \tag{7.16}$$

Diferente do que acontece com a força de Weber, com a força de Liénard-Schwarzschild não temos $\vec{F}_{21}^{LS} = -\vec{F}_{12}^{LS}$. Trocando entre si os índices 1 e 2 na equação (7.16) chegamos à seguinte expressão:

$$\begin{aligned} \vec{F}_{12}^{LS} &= -\frac{q_1 q_2}{4\pi\epsilon_0}\frac{1}{r_{12}^2}\Bigg\{\Bigg[\hat{r}_{12}\Bigg(1 + \frac{\dot{\vec{r}}_1 \cdot \dot{\vec{r}}_1}{2c^2} - \frac{3}{2}\frac{(\hat{r}_{12} \cdot \dot{\vec{r}}_1)^2}{c^2} \\ &\quad + \frac{\vec{r}_{12} \cdot \ddot{\vec{r}}_1}{2c^2}\Bigg) + \frac{r_{12}\ddot{\vec{r}}_1}{2c^2}\Bigg] + \dot{\vec{r}}_2 \times \left(\frac{\dot{\vec{r}}_1 \times \hat{r}_{12}}{c^2}\right)\Bigg\} \\ &\neq -\vec{F}_{21}^{LS} . \end{aligned} \tag{7.17}$$

### 7.2.2 Expressão de Grassmann

Para calcular a força de Grassmann seguiremos um procedimento análogo ao utilizado na Subseção 7.1.2. Da mesma forma que aplicamos a força de Weber ao modelo de elemento de corrente para obtermos a força de Ampère, vamos aplicar a força de Liénard-Schwarzschild ao modelo de elemento de corrente. Para os elementos de corrente da figura 3.1 definimos:

$$d^2\vec{F}_{ji}^{G} \equiv d^2\vec{F}_{j+i+}^{LS} + d^2\vec{F}_{j+i-}^{LS} + d^2\vec{F}_{j-i+}^{LS} + d^2\vec{F}_{j-i-}^{LS} . \tag{7.18}$$

Para obter os termos $d^2\vec{F}^{LS}$ desta equação (7.18), utilizamos a expressão (7.16), a aproximação para elementos de corrente ($\vec{r}_{i+j+} \approx \vec{r}_{ij}$, ...) e a neutralidade dos mesmos ($dq_- = -dq_+$). Com estas suposições obtemos então:

$$\begin{aligned} d^2\vec{F}_{j+i+}^{LS} &= \frac{dq_{i+}dq_{j+}}{4\pi\epsilon_0}\frac{1}{r_{ij}^2}\Bigg\{\Bigg[\hat{r}_{ij}\Bigg(1 + \frac{\dot{\vec{r}}_{j+} \cdot \dot{\vec{r}}_{j+}}{2c^2} - \frac{3}{2}\frac{(\hat{r}_{ij} \cdot \dot{\vec{r}}_{j+})^2}{c^2} \\ &\quad - \frac{\vec{r}_{ij} \cdot \ddot{\vec{r}}_{j+}}{2c^2}\Bigg) - \frac{r_{ij}\ddot{\vec{r}}_{j+}}{2c^2}\Bigg] + \dot{\vec{r}}_{i+} \times \left(\frac{\dot{\vec{r}}_{j+} \times \hat{r}_{ij}}{c^2}\right)\Bigg\} , \end{aligned} \tag{7.19}$$

$$d^2\vec{F}_{j+i-}^{LS} = -\frac{dq_{i+}dq_{j+}}{4\pi\epsilon_0}\frac{1}{r_{ij}^2}\Bigg\{\Bigg[\hat{r}_{ij}\Bigg(1 + \frac{\dot{\vec{r}}_{j-} \cdot \dot{\vec{r}}_{j-}}{2c^2} - \frac{3}{2}\frac{(\hat{r}_{ij} \cdot \dot{\vec{r}}_{j-})^2}{c^2}$$

$$- \frac{\vec{r}_{ij} \cdot \ddot{\vec{r}}_{j-}}{2c^2}\Big) - \frac{r_{ij}\ddot{\vec{r}}_{j-}}{2c^2}\Big] + \dot{\vec{r}}_{i+} \times \left(\frac{\dot{\vec{r}}_{j-} \times \hat{r}_{ij}}{c^2}\right)\Big\}, \tag{7.20}$$

$$\begin{aligned} d^2\vec{F}^{LS}_{j-i+} &= -\frac{dq_{i+}dq_{j+}}{4\pi\epsilon_0}\frac{1}{r_{ij}^2}\Big\{\Big[\hat{r}_{ij}\Big(1 + \frac{\dot{\vec{r}}_{j+} \cdot \dot{\vec{r}}_{j+}}{2c^2} - \frac{3}{2}\frac{(\hat{r}_{ij} \cdot \dot{\vec{r}}_{j+})^2}{c^2} \\ &- \frac{\vec{r}_{ij} \cdot \ddot{\vec{r}}_{j+}}{2c^2}\Big) - \frac{r_{ij}\ddot{\vec{r}}_{j+}}{2c^2}\Big] + \dot{\vec{r}}_{i-} \times \left(\frac{\dot{\vec{r}}_{j+} \times \hat{r}_{ij}}{c^2}\right)\Big\}, \end{aligned} \tag{7.21}$$

$$\begin{aligned} d^2\vec{F}^{LS}_{j-i-} &= \frac{dq_{i+}dq_{j+}}{4\pi\epsilon_0}\frac{1}{r_{ij}^2}\Big\{\Big[\hat{r}_{ij}\Big(1 + \frac{\dot{\vec{r}}_{j-} \cdot \dot{\vec{r}}_{j-}}{2c^2} - \frac{3}{2}\frac{(\hat{r}_{ij} \cdot \dot{\vec{r}}_{j-})^2}{c^2} \\ &- \frac{\vec{r}_{ij} \cdot \ddot{\vec{r}}_{j-}}{2c^2}\Big) - \frac{r_{ij}\ddot{\vec{r}}_{j-}}{2c^2}\Big] + \dot{\vec{r}}_{i-} \times \left(\frac{\dot{\vec{r}}_{j-} \times \hat{r}_{ij}}{c^2}\right)\Big\}. \end{aligned} \tag{7.22}$$

Substituindo as expressões (7.19) até (7.22) nos respectivos termos da equação (7.18) e utilizando a definição (3.1), obtém-se finalmente a equação (7.10), sendo $I_i = I_1$ para todo $i$ e $I_j = I_2$ para todo $j$.

O elemento de corrente é uma idealização matemática que facilita o estudo macroscópico da interação entre correntes elétricas. Apesar da força de Grassmann não satisfazer, em geral, ao princípio de ação e reação entre elementos de corrente, temos que saber se este comportamento se estende para circuitos macroscópicos. Este tema será abordado em profundidade mais adiante.

Poderíamos ter deduzido a força de Grassmann de uma maneira mais simples, através da utilização da força de Lorentz, ao invés de ter utilizado a força de Liénard-Schwarzschild. Esta demonstração encontra-se em diversos trabalhos.[19]

Tudo o que já vimos até agora mostra que da força de Weber se deduz apenas a força de Ampère entre elementos de corrente, mas não a força de Grassmann. Por outro lado, da força de Lorentz (ou a partir da força de Liénard-Schwarzschild) se deduz apenas a força de Grassmann entre elementos de corrente, mas não se deduz a força de Ampère.

[19] [Ass92b, Seção 3.3], [Ass94, Seção 4.4] e [Ass95, Seção 3.4].

## 7.3 Equivalência Parcial

Apesar da força de Ampère entre elementos de corrente ser diferente da força de Grassmann, elas dão o mesmo resultado quando calculamos a força exercida em um elemento de um circuito devida a todos os elementos de um segundo circuito fechado. Por exemplo, se calcularmos a força que o circuito $\Gamma_1$ da figura 3.2 exerce no elemento $I_2 d\vec{r}_j$ do circuito $\Gamma_2$, acharemos o mesmo resultado tanto integrando a força de Ampère, equação (7.1), quanto a força de Grassmann, equação (7.11). Este resultado é conhecido há muito tempo. Podemos ver esta demonstração em diversos trabalhos.[20] A razão para esta equivalência é o fato notável de que a diferença entre as equações (7.1) e (7.11) é uma diferencial exata que, quando integrada no circuito fechado $\Gamma_1$, resulta um valor nulo. Apresentamos a seguir uma prova simplificada deste fato.

Integrando para o circuito fechado $\Gamma_1$, figura 3.2, as expressões da força de Ampère, equação (7.1), e da força de Grassmann, equação (7.11), obtemos a força $d\vec{F}_{1j}$. Ou seja, obtemos a força que o o circuito $\Gamma_1$ exerce no elemento de corrente $I_2 d\vec{r}_j$ do circuito $\Gamma_2$. De acordo com as expressões de Ampère e de Grassmann estas forças são dadas por, respectivamente:

$$d\vec{F}_{1j}^A = -\frac{\mu_0 I_1 I_2}{4\pi}\left[3\oint_{\Gamma_1}\frac{\hat{r}_{ij}}{r_{ij}^2}(d\vec{r}_i\cdot\hat{r}_{ij})(d\vec{r}_j\cdot\hat{r}_{ij}) - 2\oint_{\Gamma_1}\frac{\hat{r}_{ij}}{r_{ij}^2}(d\vec{r}_i\cdot d\vec{r}_j)\right] , \quad (7.23)$$

e

$$d\vec{F}_{1j}^G = \frac{\mu_0 I_1 I_2}{4\pi}\left[\oint_{\Gamma_1}\frac{\hat{r}_{ij}}{r_{ij}^2}(d\vec{r}_i\cdot d\vec{r}_j) - \oint_{\Gamma_1}\frac{1}{r_{ij}^2}(d\vec{r}_j\cdot\hat{r}_{ij})d\vec{r}_i\right] . \quad (7.24)$$

Calculando a diferença entre as equações (7.23) e (7.24), juntamente com algumas identidades vetoriais, obtemos:

$$d\vec{F}_{1j}^A - d\vec{F}_{1j}^G = -\frac{3\mu_0 I_1 I_2}{4\pi}\nabla_j\left[\oint_{\Gamma_1}\frac{(d\vec{r}_i\cdot\hat{r}_{ij})(d\vec{r}_j\cdot\hat{r}_{ij})}{r_{ij}} - \oint_{\Gamma_1}\frac{d\vec{r}_i\cdot d\vec{r}_j}{r_{ij}}\right] . \quad (7.25)$$

Na Seção 3.7 mostramos que as duas integrais na expressão (7.25) são iguais entre si, ver a equação (3.40). Este fato aplicado na equação (7.25) leva

[20] [Tri65, pág. 55], [Whi73, págs. 82–87], [Ass94, Seção 4.5] e [Ass95, Seção 3.5].

a que $d\vec{F}^A_{1j} = d\vec{F}^G_{1j}$. Esta igualdade mostra a equivalência entre as expressões de Ampère e de Grassmann para a força que um circuito fechado de corrente, de forma arbitrária, exerce sobre um elemento de corrente externo a ele.

Apresentamos uma outra prova para este fato seguindo o trabalho de Tricker.[21] Queremos calcular a força resultante atuando sobre um elemento de corrente $I_i d\vec{\ell}_i$ pertencendo ao circuito $C_i$, quando esta força é devida a um outro circuito fechado $C_j$ de forma arbitrária, figura 7.1. Escolhemos então um sistema de coordenadas de tal forma que o elemento de corrente $I_i d\vec{\ell}_i$ esteja na origem apontando ao longo do eixo $z$: $d\vec{\ell}_i = (dz_i)\hat{z}$. O elemento de corrente $I_j d\vec{\ell}_j$ está localizado em $\vec{r}_j = x_j\hat{x} + y_j\hat{y} + z_j\hat{z}$ e pertence a um outro circuito fechado $C_j$ que tem uma forma arbitrária: $d\vec{\ell}_j = dx_j\hat{x} + dy_j\hat{y} + dz_j\hat{z}$.

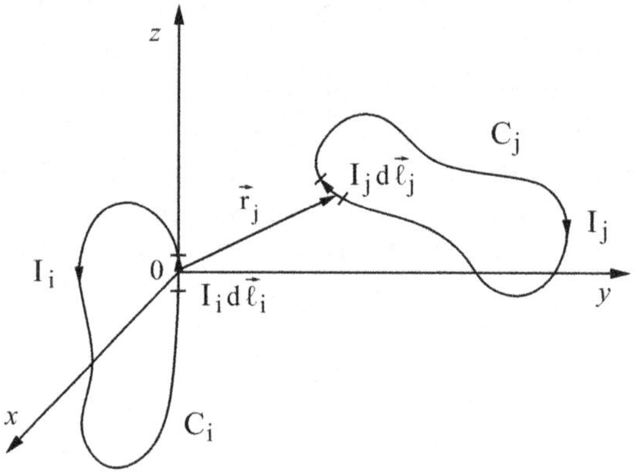


Figura 7.1: Queremos calcular a força do circuito $C_j$ sobre o elemento de corrente $I_i d\vec{\ell}_i$.

Com esta escolha ficamos com $\vec{r}_{ij} = -(x_j\hat{x} + y_j\hat{y} + z_j\hat{z})$ e $r_{ij} = |\vec{r}_i - \vec{r}_j| = r_j = |\vec{r}_j|$.

Definimos as seguintes grandezas:

$$d\ell_i \equiv |d\vec{\ell}_i| = dz_i \ ,$$

e

$$d\ell_j \equiv |d\vec{\ell}_j| = \sqrt{(dx_j)^2 + (dy_j)^2 + (dz_j)^2} \ .$$

[21][Tri65, págs. 55-58].

Desta forma obtemos os seguintes resultados:

$$d\vec{\ell}_i \cdot d\vec{\ell}_j = dz_i dz_j = dz_i d\ell_j \cos\varepsilon \ , \tag{7.26}$$

$$\hat{r}_{ij} \cdot d\vec{\ell}_i = -\frac{z_j dz_i}{r_j} = dz_i \cos\theta_i \ , \tag{7.27}$$

e

$$\hat{r}_{ij} \cdot d\vec{\ell}_j = -\frac{x_j dx_j + y_j dy_j + z_j dz_j}{r_j} = -dr_j = d\ell_j \cos\theta_j \ . \tag{7.28}$$

Nestas expressões chamamos de $\varepsilon$ ao ângulo entre $d\vec{\ell}_i$ e $d\vec{\ell}_j$, denominamos de $\theta_i$ ao ângulo entre $d\vec{\ell}_i$ e $\hat{r}_{ij}$, assim como chamamos de $\theta_j$ ao ângulo entre $d\vec{\ell}_j$ e $\hat{r}_{ij}$. Destas três últimas equações obtemos: $\cos\varepsilon = dz_j/d\ell_j$, $\cos\theta_i = -z_j/r_j$ e $\cos\theta_j = -dr_j/d\ell_j$. Aplicando estas expressões na fórmula de Ampère, equação (7.1), faz com que a força exercida pelo elemento $j$ no elemento $i$ seja escrita como:

$$\frac{\mu_o}{4\pi} I_i I_j d\ell_i d\ell_j \frac{x_j\hat{x} + y_j\hat{y} + z_j\hat{z}}{r_j^3} \left( 2\frac{dz_j}{d\ell_j} - 3\frac{z_j}{r_j}\frac{dr_j}{d\ell_j} \right) \ . \tag{7.29}$$

O componente $z$ desta força pode ser expresso da seguinte forma:

$$\frac{\mu_o}{4\pi} I_i I_j d\ell_i d\ell_j \left( 2\frac{z_j}{r_j^3}\frac{dz_j}{d\ell_j} - 3\frac{z_j^2}{r_j^4}\frac{dr_j}{d\ell_j} \right)$$

$$= \frac{\mu_o}{4\pi} I_i I_j d\ell_i d\ell_j \left( \frac{d}{d\ell_j}\frac{z_j^2}{r_j^3} \right) = \frac{\mu_o}{4\pi} I_i I_j d\ell_i d \left( \frac{z_j^2}{r_j^3} \right) \ . \tag{7.30}$$

Como esta expressão é uma diferencial exata, este resultado vai a zero quando integrado ao longo do circuito fechado $C_j$ do qual $d\vec{\ell}_j$ faz parte. Isto prova para o caso geral que a força exercida por um circuito fechado de forma arbitrária sobre um elemento de corrente de um outro circuito é ortogonal a este elemento de acordo com a expressão de Ampère. Este resultado era conhecido por Ampère tanto experimentalmente quanto teoricamente. Em particular ele afirmou:[22]

[22] [Tri65, pág. 170] e [AC11, pág. 381].

> Disto tiraremos esta consequência geral, [a saber,] que a ação de um circuito fechado, ou de um conjunto qualquer de circuitos fechados, sobre um elemento infinitamente pequeno de corrente elétrica é perpendicular a esse elemento.

O componente $x$ da equação (7.29) pode ser escrito como:

$$\frac{\mu_o}{4\pi} I_i I_j d\ell_i d\ell_j \left( 2\frac{x_j}{r_j^3} - 3\frac{x_j z_j}{r_j^4}\frac{dr_j}{d\ell_j} \right)$$

$$= \frac{\mu_o}{4\pi} I_i I_j d\ell_i d\ell_j \left( \frac{d}{d\ell_j}\frac{x_j z_j}{r_j^3} + \frac{x_j}{r_j^3}\frac{dz_j}{d\ell_j} - \frac{z_j}{r_j^3}\frac{dx_j}{d\ell_j} \right)$$

$$= \frac{\mu_o}{4\pi} I_i I_j d\ell_i d\left( \frac{x_j z_j}{r_j^3} \right) + \frac{\mu_o}{4\pi}\frac{I_i I_j}{r_j^3} d\ell_i d\ell_j \left( x_j \frac{dz_j}{d\ell_j} - z_j \frac{dx_j}{d\ell_j} \right) . \qquad (7.31)$$

Ao integrar ao redor do circuito fechado $C_j$ o primeiro termo do lado direito da última igualdade da equação (7.31) se anula.

Assim a expressão final para a força exercida pelo circuito fechado $C_j$ sobre $I_i d\vec{\ell}_i$ localizado na origem e apontando ao longo do eixo $z$, de acordo com a força de Ampère, é dada por (após fazer um cálculo análogo com o componente $y$):

$$\frac{\mu_o}{4\pi} I_i I_j d\ell_i \oint_{C_j} \left[ \hat{x}\left( x_j \frac{dz_j}{d\ell_j} - z_j \frac{dx_j}{d\ell_j} \right) + \hat{y}\left( y_j \frac{dz_j}{d\ell_j} - z_j \frac{dy_j}{d\ell_j} \right) \right] \frac{d\ell_j}{r_j^3} . \qquad (7.32)$$

Agora calculamos a força exercida pelo elemento de corrente $I_j d\vec{\ell}_j$ sobre o elemento $I_i d\vec{\ell}_i$ com a expressão de Grassmann, equação (7.10). Utilizando tudo o que já obtivemos até aqui, esta força pode ser expressa como:

$$\frac{\mu_o}{4\pi}\frac{I_i I_j}{r_j^2} \left[ \frac{dz_j}{d\ell_j}\frac{x_j\hat{x} + y_j\hat{y} + z_j\hat{z}}{r_j} - \frac{z_j}{r_j}\frac{dx_j\hat{x} + dy_j\hat{y} + dz_j\hat{z}}{d\ell_j} \right] d\ell_i d\ell_j$$

$$= \frac{\mu_o}{4\pi} I_i I_j d\ell_i \left[ \hat{x}\left( x_j \frac{dz_j}{d\ell_j} - z_j \frac{dx_j}{d\ell_j} \right) + \hat{y}\left( y_j \frac{dz_j}{d\ell_j} - z_j \frac{dy_j}{d\ell_j} \right) \right] \frac{d\ell_j}{r_j^3} . \qquad (7.33)$$

Integrando este resultado ao longo do circuito fechado $C_j$ obtém-se o mesmo valor que a equação (7.32) de Ampère. Estes cálculos completam a prova da equivalência entre as expressões de Ampère e de Grassmann.

Alguns defensores da força de Grassmann alegam que não é importante o fato de ela não satisfazer ao princípio de ação e reação entre elementos de corrente. Estas pessoas alegam que elementos de corrente não podem ser isolados para fazermos experiências sobre eles. Sendo o elemento de corrente um modelo matemático para facilitar o cálculo de situações macroscópicas, temos que analisar estas alegações. No caso de um circuito fechado de corrente e um elemento de corrente externo a ele, como vimos acima, além da força de Grassmann satisfazer ação e reação, ela fornece o mesmo resultado que a força de Ampère. Cabem então as seguintes questões: E quando calculamos a força que um circuito fechado exerce num pedaço finito dele próprio? No caso de um circuito aberto (como por exemplo antenas), Grassmann não satisfaz ação e reação e nem deve dar o mesmo resultado que a força de Ampère. Quais implicações experimentais isto tem?

Estaremos respondendo neste trabalho a primeira questão feita no parágrafo anterior. A segunda questão, relacionada a circuitos abertos, não é o objetivo do nosso trabalho. O leitor interessado nesta área, pouco explorada, pode consultar o trabalho de Wesley.[23]

Para respondermos à primeira questão acima teremos primeiro que resolver o problema de como calcular a força, já que quando integramos as expressões (7.1) e (7.10) para calcular a força entre elementos em contato de um mesmo circuito, elas divergem. Mostraremos na próxima Seção qual a técnica que utilizaremos. No Capítulo seguinte apresentaremos o resultado da sua aplicação a diversas configurações.

## 7.4 Descrição do Método

Quando tentamos calcular a força numa parte de um circuito devida ao restante do circuito (partes em contato), o resultado diverge (a força vai para infinito) para ambas as expressões. Esta incapacidade em lidar com este problema é a principal razão pela qual poucos cálculos deste tipo foram publicados desde que Ampère formulou a sua expressão de força. Para evitar esta divergência algumas pessoas têm tentado introduzir uma distância de

[23] [Wes90b].

separação finita entre as duas partes do circuito,[24] ou introduzir um elemento de corrente de tamanho finito para utilizar análise de elementos finitos em cálculos computacionais.[25] Uma maneira inquestionável de se fazer estes cálculos e obter valores finitos sem hipóteses arbitrárias é usar elemento de corrente superficial, ou volumétrico, ao invés de elemento de corrente linear. O primeiro a calcular explicitamente a força entre duas partes em contato de um circuito por este método correto foi Wesley, no caso de elementos de corrente volumétricos.[26]

Estamos interessados, principalmente, no cálculo da força em uma parte de um circuito fechado devida a todo o circuito. Quando integramos as expressões (7.1) e (7.10), para um circuito único, os resultados divergem por causa dos elementos em contato no circuito.[27] Podemos eliminar este problema de duas maneiras: utilizar integração numérica com elementos de corrente lineares de tamanho finito (tipicamente da ordem do espaçamento interatômico);[28] ou substituir o elemento de corrente linear por um elemento de corrente superficial ou volumétrico, realizando integração numérica,[29] ou integração analítica.[30] Neste trabalho utilizaremos esta última técnica.

É claro que a utilização de elementos de corrente lineares (introduzidos na Seção 3.2) é abstrata e não corresponde à realidade. Podemos melhorar esta representação trocando a corrente linear por uma densidade de corrente superficial $\vec{K}$ quando a corrente flui ao longo de uma fita ou superfície, ou então trocando-a por uma densidade de corrente volumétrica $\vec{J}$ quando a corrente flui por um condutor tridimensional. A relação entre estes elementos de corrente é dada por:

$$Id\vec{r} \leftrightarrow \vec{K}da \leftrightarrow \vec{J}dV \ , \tag{7.34}$$

onde $da$ é o elemento de área e $dV$ o elemento de volume.

Substituindo estas relações nas equações (7.1) e (7.10) obtemos, respectivamente, as expressões da força de Ampère e Grassmann para elemento superficial, $d^4\vec{F}_{ji}^A$ e $d^4\vec{F}_{ij}^G$, assim como as expressões para elemento volumétrico, $d^6\vec{F}_{ji}^A$ e $d^6\vec{F}_{ji}^G$, a saber:

[24] [Gra85a, págs. 179–203].
[25] [GG85].
[26] [Wes87b, Wes87a, Wes90a].
[27] Ver exemplos na Seção 8.1.
[28] [Gra85a, Gra90].
[29] [Moy89b, Moy89a, Moy89c].
[30] [Wes90a].

$$d^4\vec{F}^A_{ji} = \frac{\mu_0}{4\pi}\frac{\hat{r}_{ij}}{r^2_{ij}}\left[3(\vec{K}_i \cdot \hat{r}_{ij})(\vec{K}_j \cdot \hat{r}_{ij}) - 2(\vec{K}_i \cdot \vec{K}_j)\right] da_i da_j$$
$$= -d^4\vec{F}^A_{ij} \, , \tag{7.35}$$

$$d^6\vec{F}^A_{ji} = \frac{\mu_0}{4\pi}\frac{\hat{r}_{ij}}{r^2_{ij}}\left[3(\vec{J}_i \cdot \hat{r}_{ij})(\vec{J}_j \cdot \hat{r}_{ij}) - 2(\vec{J}_i \cdot \vec{J}_j)\right] dV_i dV_j$$
$$= -d^6\vec{F}^A_{ij} \, , \tag{7.36}$$

$$d^4\vec{F}^G_{ji} = -\frac{\mu_0}{4\pi}\frac{1}{r^2_{ij}}[(\vec{K}_i \cdot \vec{K}_j)\hat{r}_{ij} - (\vec{K}_i \cdot \hat{r}_{ij})\vec{K}_j] da_i da_j \, , \tag{7.37}$$

$$d^6\vec{F}^G_{ji} = -\frac{\mu_0}{4\pi}\frac{1}{r^2_{ij}}[(\vec{J}_i \cdot \vec{J}_j)\hat{r}_{ij} - (\vec{J}_i \cdot \hat{r}_{ij})\vec{J}_j] dV_i dV_j \, . \tag{7.38}$$

# Capítulo 8

# Força em Diversas Configurações

Calcularemos neste Capítulo a força entre elementos de corrente (linear, superficial e volumétrico) em diversas situações, utilizando as expressões (7.1), (7.10) e (7.35) até (7.38).

## 8.1 Corrente Elétrica Unidimensional

Nesta Seção estaremos calculando a força somente em situações que não apresentam problemas de divergência (os fios não estão em contato), o que permite a utilização de elementos lineares.

### 8.1.1 Fios Paralelos

Primeiro calculamos a força entre dois fios paralelos. Utilizamos os fios descritos na figura 5.1. Seja $\vec{F}_{21}$ a força sobre o fio 1 devida ao fio 2. Para esta situação temos: $d\vec{r}_\imath = dx_\imath \hat{x}$, $d\vec{r}_\jmath = dx_\jmath \hat{x}$, $\vec{r}_\imath = x_\imath \hat{x}$ e $\vec{r}_\jmath = x_\jmath \hat{x} + b\hat{y}$. Substituindo estes valores nas equações (7.1), (7.10) e (7.11), e considerando os limites de integração, obtemos, respectivamente:

$$\vec{F}_{21}^A = \frac{\mu_0 I_1 I_2}{4\pi} \int_0^{\ell_1} dx_\imath \int_a^{a+\ell_2} dx_\jmath \, [(x_\imath - x_\jmath)\hat{x} + b\hat{y}]$$

$$\times \left[ \frac{3(x_\imath - x_\jmath)^2}{r_{\imath\jmath}^5} - \frac{2}{r_{\imath\jmath}^3} \right] = -\vec{F}_{12}^A \, , \qquad (8.1)$$

e

$$\vec{F}_{21}^G = -\hat{y}\frac{\mu_0 I_1 I_2}{4\pi}\int_0^{\ell_1} dx_\imath \int_a^{a+\ell_2} dx_\jmath \frac{b}{r_{\imath\jmath}^3} = -\vec{F}_{12}^G \, . \tag{8.2}$$

Integrando a expressão (8.1) para achar a força de Ampère obtém-se o seguinte resultado exato:

$$\begin{aligned}
\vec{F}_{21}^A &= -\vec{F}_{12}^A = -\frac{\mu_0 I_1 I_2}{4\pi}\Bigg[\hat{x}\Bigg(\operatorname{senh}^{-1}\left(\frac{a+\ell_2}{b}\right) - \operatorname{senh}^{-1}\left(\frac{a}{b}\right) \\
&- \operatorname{senh}^{-1}\left(\frac{a+\ell_2-\ell_1}{b}\right) + \operatorname{senh}^{-1}\left(\frac{a-\ell_1}{b}\right) \\
&- \frac{a+\ell_2}{[(a+\ell_2)^2+b^2]^{1/2}} + \frac{a}{(a^2+b^2)^{1/2}} + \frac{a+\ell_2-\ell_1}{[(a+\ell_2-\ell_1)^2+b^2]^{1/2}} \\
&- \frac{a-\ell_1}{[(a-\ell_1)^2+b^2]^{1/2}}\Bigg) + \hat{y}\Bigg(\frac{[(a+\ell_2)^2+b^2]^{1/2}}{b} \\
&+ \frac{[(a-\ell_1)^2+b^2]^{1/2}}{b} - \frac{(a^2+b^2)^{1/2}}{b} \\
&- \frac{[(a+\ell_2-\ell_1)^2+b^2]^{1/2}}{b} + \frac{b}{(a^2+b^2)^{1/2}} \\
&+ \frac{b}{[(a+\ell_2-\ell_1)^2+b^2]^{1/2}} - \frac{b}{[(a+\ell_2)^2+b^2]^{1/2}} \\
&- \frac{b}{[(a-\ell_1)^2+b^2]^{1/2}}\Bigg)\Bigg] \, .
\end{aligned} \tag{8.3}$$

Caso $b \to 0$ (dois fios paralelos e colineares de comprimentos $\ell_1$ e $\ell_2$ separados por uma distância $d \equiv a - \ell_1 > 0$), a força de Ampère vai se reduzir à seguinte expressão:

$$\vec{F}_{21}^A = -\vec{F}_{12}^A = -\hat{x}\frac{\mu_0 I_1 I_2}{2\pi}\left[\ln\left(\frac{a}{d}\right) + \ln\left(\frac{d+\ell_2}{a+\ell_2}\right)\right] \, . \tag{8.4}$$

Isto indica uma repulsão entre os fios caso as correntes estejam no mesmo sentido. Se fizermos $d \to 0$ nesta última expressão (ou seja, $a \to \ell_1$) a força vai para infinito. Neste caso os fios 1 e 2 estarão se tocando. Para evitar esta divergência, temos que tratar com elemento de corrente superficial ou volumétrico, ao invés de utilizar elemento de corrente linear.

Para obter a força de Grassmann resolvemos as integrais na equação (8.2). O resultado exato obtido é dado por:

$$\vec{F}_{21}^G = -\vec{F}_{12}^G = -\hat{y}\frac{\mu_0 I_1 I_2}{4\pi}\left\{\frac{[(a+\ell_2)^2+b^2]^{1/2}}{b} + \frac{[(a-\ell_1)^2+b^2]^{1/2}}{b} - \frac{(a^2+b^2)^{1/2}}{b} - \frac{[(a+\ell_2-\ell_1)^2+b^2]^{1/2}}{b}\right\} . \quad (8.5)$$

Se fizermos $b \to 0$ na equação (8.2) ou na equação (8.5), a força de Grassmann tenderá a zero. Ou seja, não há força entre dois fios paralelos e colineares de acordo com Grassmann.

Com a força de Ampère, equação (8.3), obtivemos o resultado esperado: vale ação e reação. No caso da força de Grassmann, equação (8.5), a validade da ação e reação não é um resultado trivial, principalmente em situação de circuito aberto. Neste exemplo particular a validade da lei de ação e reação com a força de Grassmann é uma peculiaridade da geometria. No exemplo da próxima Seção envolvendo fios perpendiculares veremos que a força de Grassmann não mais satisfará ao princípio de ação e reação.

### 8.1.2 Fios Perpendiculares

Consideremos os fios da figura 5.2 que são perpendiculares entre si. Como podemos ver desta figura, $d\vec{r}_\imath = dx_\imath\hat{x}$, $d\vec{r}_\jmath = dy_\jmath\hat{y}$, $\vec{r}_\imath = x_\imath\hat{x}$ e $\vec{r}_\jmath = a\hat{x} + y_\jmath\hat{y}$. Com estes valores e considerando os limites de integração das variáveis $x_\imath$ e $y_\jmath$ na equação (7.1) obtemos para a força de Ampère o seguinte resultado:

$$\vec{F}_{21}^A = -\frac{\mu_0 I_1 I_2}{4\pi}\int_0^{\ell_1} dx_\imath \int_b^{b+\ell_2} dy_\jmath \, [(x_\imath - a)\hat{x} - y_\jmath\hat{y}] \times \left[\frac{3(x_\imath - a)y_\jmath}{r_{\imath\jmath}^5}\right] = -\vec{F}_{12}^A . \quad (8.6)$$

Já com a força de Grassmann obtemos os seguintes resultados para a geometria da figura 5.2 considerando os limites de integração das equações (7.10) e (7.11) ao longo dos comprimentos dos fios ortogonais:

$$\vec{F}_{21}^G = \hat{y}\frac{\mu_0 I_1 I_2}{4\pi}\int_0^{\ell_1} dx_\imath \int_b^{b+\ell_2} dy_\jmath \, \frac{(x_\imath - a)}{r_{\imath\jmath}^3} , \quad (8.7)$$

e

$$\vec{F}_{12}^G = \hat{x}\frac{\mu_0 I_1 I_2}{4\pi}\int_0^{\ell_1} dx_\imath \int_b^{b+\ell_2} dy_\jmath \, \frac{y_\jmath}{r_{\imath\jmath}^3} \, . \qquad (8.8)$$

Calculando as integrais na equação (8.6) obtemos o resultado exato dado por:

$$\begin{aligned}
\vec{F}_{21}^A &= -\vec{F}_{12}^A = -\frac{\mu_0 I_1 I_2}{4\pi}\left[\hat{x}\left(\text{senh}^{-1}\left(\frac{\ell_1 - a}{b+\ell_2}\right) + \text{senh}^{-1}\left(\frac{a}{b+\ell_2}\right)\right.\right. \\
&- \text{senh}^{-1}\left(\frac{\ell_1 - a}{b}\right) - \text{senh}^{-1}\left(\frac{a}{b}\right) - \frac{\ell_1 - a}{[(\ell_1 - a)^2 + (b+\ell_2)^2]^{1/2}} \\
&\left. - \frac{a}{[a^2 + (b+\ell_2)^2]^{1/2}} + \frac{\ell_1 - a}{[(\ell_1 - a)^2 + b^2]^{1/2}} + \frac{a}{(a^2+b^2)^{1/2}}\right) \\
&- \hat{y}\left(\text{senh}^{-1}\left(\frac{b+\ell_2}{|a-\ell_1|}\right) - \text{senh}^{-1}\left(\frac{b}{|a-\ell_1|}\right) - \text{senh}^{-1}\left(\frac{b+\ell_2}{a}\right)\right. \\
&+ \text{senh}^{-1}\left(\frac{b}{a}\right) - \frac{b+\ell_2}{[(a-\ell_1)^2 + (b+\ell_2)^2]^{1/2}} + \frac{b}{[(a-\ell_1)^2 + b^2]^{1/2}} \\
&\left.\left. + \frac{b+\ell_2}{[a^2 + (b+\ell_2)^2]^{1/2}} - \frac{b}{(a^2+b^2)^{1/2}}\right)\right] . \qquad (8.9)
\end{aligned}$$

Ao resolver as integrais das equações (8.7) e (8.8) obtemos os seguintes resultados exatos:

$$\begin{aligned}
\vec{F}_{21}^G &= \hat{y}\frac{\mu_0 I_1 I_2}{4\pi}\left[\text{senh}^{-1}\left(\frac{b+\ell_2}{a}\right) - \text{senh}^{-1}\left(\frac{b}{a}\right)\right. \\
&\left. - \text{senh}^{-1}\left(\frac{b+\ell_2}{|\ell_1 - a|}\right) + \text{senh}^{-1}\left(\frac{b}{|\ell_1 - a|}\right)\right] , \qquad (8.10) \\
\vec{F}_{12}^G &= \hat{x}\frac{\mu_0 I_1 I_2}{4\pi}\left[\text{senh}^{-1}\left(\frac{\ell_1 - a}{b}\right) + \text{senh}^{-1}\left(\frac{a}{b}\right)\right. \\
&\left. - \text{senh}^{-1}\left(\frac{\ell_1 - a}{b+\ell_2}\right) - \text{senh}^{-1}\left(\frac{a}{b+\ell_2}\right)\right] . \qquad (8.11)
\end{aligned}$$

Como havíamos dito na Seção anterior, a validade do princípio de ação e reação para a força de Grassmann no caso dos fios paralelos, equação (8.5),

foi um resultado da geometria e não uma propriedade da força. Já quando os fios são perpendiculares entre si, figura 5.2, a força $\vec{F}^G_{12}$ que o fio 1 faz no fio 2 não é o oposto da força $\vec{F}^G_{21}$ que o fio 1 sofre do fio 2, sendo estas forças dadas pelas equações (8.10) e (8.11), respectivamente.

Além disto, obtivemos que a força exercida pelo fio 2 no fio 1 é diferente por Ampère e por Grassmann, $\vec{F}^A_{21} \neq \vec{F}^G_{21}$, da mesma forma que a força exercida pelo fio 1 no fio 2 é diferente por Ampère e por Grassmann, $\vec{F}^A_{12} \neq \vec{F}^G_{12}$.

Se fizermos $a$ e $b$ tender a zero nas equações (8.9) a (8.11), os resultados vão divergir. Nestes casos os fios 1 e 2 vão se tocar. Esta é a divergência a que nos referimos na Seção 7.4. Estas forças que vão para infinito nos obrigam a abandonar o modelo de elemento de corrente linear se quisermos analisar a situação de força em um circuito fechado único.

Resumimos nas figuras 8.1 e 8.2 o comportamento qualitativo das forças de Ampère e Grassmann baseados nas expressões que obtivemos para os casos dos fios paralelos e perpendiculares entre si nas Seções anteriores.

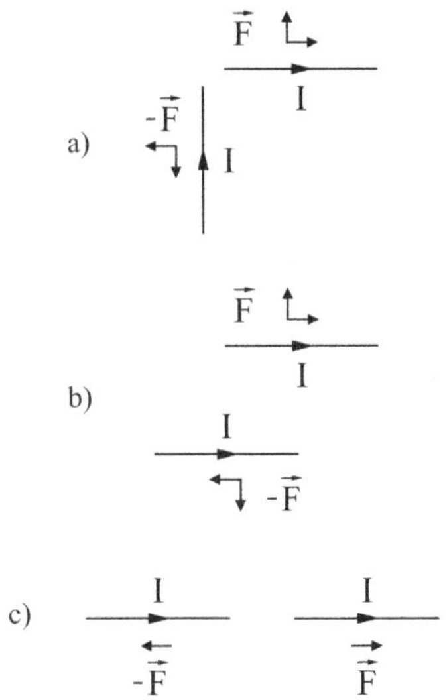


Figura 8.1: Comportamento qualitativo da força de Ampère.

A força de Grassmann satisfaz ação e reação apenas nos casos (b) e (c) da figura 8.2. Além da força de Ampère satisfazer ação e reação em todas as situações, ela prediz uma força longitudinal no caso de fios alinhados, caso

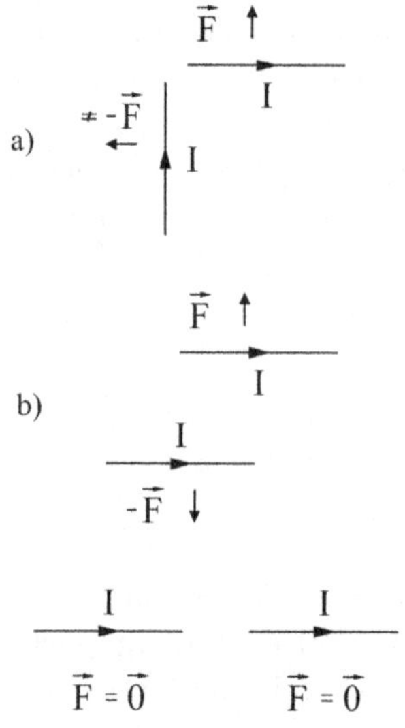


Figura 8.2: Comportamento qualitativo da força de Grassmann.

(c) da figura 8.1, enquanto que a força de Grassmann não prevê uma força longitudinal neste caso, caso (c) da figura 8.2. Esta característica é a base dos recentes trabalhos experimentais de Graneau. Discutiremos mais a respeito desta diferença entre a força de Ampère e Grassmann na Seção 10.3.

### 8.1.3 Circuito Retangular

Como dissemos anteriormente na Seção 7.4, quando o objetivo é calcular a força entre partes de um mesmo circuito que estão em contato, nos deparamos com o problema de não ser possível fazer tal cálculo com elementos de corrente lineares, já que as forças divergem para infinito. Apesar disto vamos dar um exemplo nesta seção de que, em determinadas situações, podemos superar esta dificuldade com a utilização de argumentos de simetria. Os argumentos de simetria nos permitirão eliminar a força entre partes do circuito em contato, possibilitando a utilização de elementos de corrente lineares. Os principais resultados desta Seção foram publicados em 2000.[1]

Na figura 8.3 apresentamos o circuito utilizado para os cálculos.

[1][AB00].

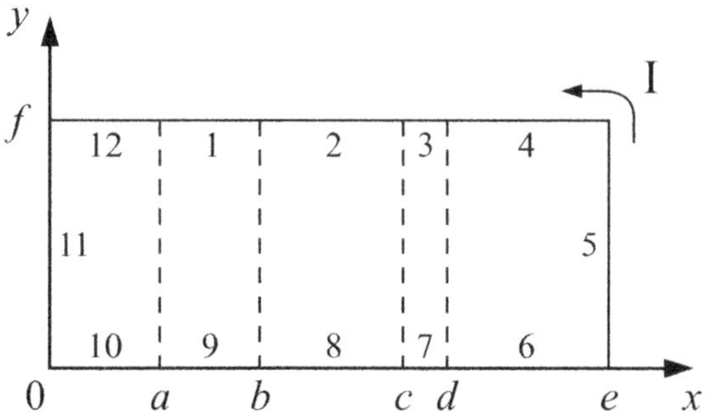


Figura 8.3: Circuito retangular com elementos de corrente lineares. O pedaço 2 tem o mesmo comprimento que o pedaço 12, tal que $c - b = a$.

O circuito composto pelas partes de 1 a 12 é fechado. Por ele flui uma corrente uniforme e constante $I$. Estamos interessados em saber a força na parte 1 devida ao restante do circuito, partes de 2 até 12. A parte 1 será designada de ponte,[2] em homenagem à famosa experiência da ponte de Ampère, figura 1.3. O conjunto das partes de 2 até 12 será chamado de suporte. Podemos imaginar que a ponte está conectada ao restante do circuito através de cubas de mercúrio líquido em ambas as suas extremidades, ou por arcos elétricos. Desta maneira a ponte fica mecanicamente desconectada do suporte, embora permaneça eletricamente ligada a ele. Assim, a força nela pode ser medida sem a necessidade de se interromper a corrente através do circuito. Como utilizaremos elemento de corrente linear, este cálculo é válido somente quando o diâmetro $\omega$ do fio é muito menor que outras dimensões no circuito (como por exemplo o tamanho da ponte e o comprimento dos lados do circuito retangular). Ou seja, os cálculos desta Subseção são válidos nas seguintes condições: $\omega \ll a$, $\omega \ll b - a$ e $\omega \ll f$.

A força exercida pelo suporte sobre a ponte, representada por $\vec{F}_{SP}$, leva em conta a força das partes 2 e 12 na ponte. O pedaço 2 tem o mesmo comprimento que o pedaço 12, tal que $c - b = a$. Ao calcularmos com Ampère a força do pedaço 2 na ponte (pedaço 1) obtemos uma expressão que pode ser representada por $\vec{F}_{21}^{A} = -\alpha\hat{x}$, com $\alpha > 0$. O valor da grandeza $\alpha$ depende das dimensões dos pedaços 1 e 2, ou seja, de seus comprimentos e de suas espessuras. Caso utilizássemos elemento de corrente linear supondo uma corrente filiforme, então $\alpha \to \infty$. Esta divergência pode ser vista da

[2] [Gra85a].

$$
\begin{aligned}
\vec{F}^G_{PS} &= \frac{\mu_0 I^2}{4\pi}\Bigg[\hat{y}\Bigg(\frac{(f^2+a^2)^{1/2}}{f}-\frac{(f^2+b^2)^{1/2}}{f}+\frac{[f^2+(b-e)^2]^{1/2}}{f}\\
&- \frac{[f^2+(a-e)^2]^{1/2}}{f}\Bigg)+\hat{x}\Bigg(\operatorname{senh}^{-1}\left(\frac{e-b}{f}\right)-\operatorname{senh}^{-1}\left(\frac{e-a}{f}\right)\\
&+ \operatorname{senh}^{-1}\left(\frac{b}{f}\right)-\operatorname{senh}^{-1}\left(\frac{a}{f}\right)-\ln\left(\frac{e-b}{e-a}\right)-\ln\left(\frac{b}{a}\right)\Bigg)\Bigg]\,.
\end{aligned}
\tag{8.16}
$$

Somando esta expressão à equação (8.14) obtemos um resultado diferente de zero. Isto parece indicar que a força que o circuito retangular exerce nele mesmo é diferente de zero, de acordo com Grassmann. Este seria um resultado contrário à experiência, pois isto significaria que se o circuito retangular estivesse suspenso no ar ele se movimentaria por si próprio.

A solução deste aparente problema é que $\vec{F}_{SP}+\vec{F}_{PS}$ não é a força que o circuito retangular exerce nele mesmo. A expressão correta é dada por: $\vec{F}_{SP}+\vec{F}_{PS}+\vec{F}_{PP}+\vec{F}_{SS}$. Como a força de Ampère sempre satisfaz ao princípio de ação e reação, a força da ponte na ponte, $\vec{F}^A_{PP}$, assim como a força do suporte no suporte, $\vec{F}^A_{SS}$, são nulas. Obviamente a força de Grassmann exercida pela ponte na própria ponte é nula, $\vec{F}^G_{PP}=\vec{0}$. Este fato é devido a que a força de Grassmann entre dois elementos de corrente paralelos e colineares é nula. Mas e a força de Grassmann exercida pelo suporte e atuando no próprio suporte, representada por $\vec{F}^G_{SS}$, quanto vale?

Para calcular a força no suporte devida ao suporte, com a força de Grassmann, utilizaremos argumentos de simetria. A força nas partes 10, 11 e 12 devida a elas mesmas pode ser representada por $\vec{F}^G_{(10+11+12),(10+11+12)}=-\beta\hat{x}$, onde $\beta>0$. Esta grandeza $\beta$ será igual a infinito se utilizarmos elementos de corrente lineares, com a corrente fluindo ao longo de um fio filiforme sem espessura. Por outro lado, $\beta$ terá um valor finito se utilizarmos elementos de corrente superficiais (com a corrente bidimensional fluindo através de uma fita) ou volumétricos (com a corrente tridimensional fluindo através da seção reta de um fio com espessura não nula). Por outro lado, as partes 4, 5 e 6 estão simetricamente localizadas relativamente às partes 10, 11 e 12 e têm o mesmo tamanho. Portanto, a força que este lado do circuito faz nele mesmo será dada por $\vec{F}^G_{(4+5+6),(4+5+6)}=\beta\hat{x}$, não importando se $\beta$ é finita ou infinita. Obtemos assim:

$$\vec{F}_{PS}^{G} = \frac{\mu_0 I^2}{4\pi}\left[\hat{y}\left(\frac{(f^2+a^2)^{1/2}}{f} - \frac{(f^2+b^2)^{1/2}}{f} + \frac{[f^2+(b-e)^2]^{1/2}}{f} - \frac{[f^2+(a-e)^2]^{1/2}}{f}\right) + \hat{x}\left(\operatorname{senh}^{-1}\left(\frac{e-b}{f}\right) - \operatorname{senh}^{-1}\left(\frac{e-a}{f}\right) + \operatorname{senh}^{-1}\left(\frac{b}{f}\right) - \operatorname{senh}^{-1}\left(\frac{a}{f}\right) - \ln\left(\frac{e-b}{e-a}\right) - \ln\left(\frac{b}{a}\right)\right)\right] . \tag{8.16}$$

Somando esta expressão à equação (8.14) obtemos um resultado diferente de zero. Isto parece indicar que a força que o circuito retangular exerce nele mesmo é diferente de zero, de acordo com Grassmann. Este seria um resultado contrário à experiência, pois isto significaria que se o circuito retangular estivesse suspenso no ar ele se movimentaria por si próprio.

A solução deste aparente problema é que $\vec{F}_{SP} + \vec{F}_{PS}$ não é a força que o circuito retangular exerce nele mesmo. A expressão correta é dada por: $\vec{F}_{SP} + \vec{F}_{PS} + \vec{F}_{PP} + \vec{F}_{SS}$. Como a força de Ampère sempre satisfaz ao princípio de ação e reação, a força da ponte na ponte, $\vec{F}_{PP}^{A}$, assim como a força do suporte no suporte, $\vec{F}_{SS}^{A}$, são nulas. Obviamente a força de Grassmann exercida pela ponte na própria ponte é nula, $\vec{F}_{PP}^{G} = \vec{0}$. Este fato é devido a que a força de Grassmann entre dois elementos de corrente paralelos e colineares é nula. Mas e a força de Grassmann exercida pelo suporte e atuando no próprio suporte, representada por $\vec{F}_{SS}^{G}$, quanto vale?

Para calcular a força no suporte devida ao suporte, com a força de Grassmann, utilizaremos argumentos de simetria. A força nas partes 10, 11 e 12 devida a elas mesmas pode ser representada por $\vec{F}_{(10+11+12),(10+11+12)}^{G} = -\beta\hat{x}$, onde $\beta > 0$. Esta grandeza $\beta$ será igual a infinito se utilizarmos elementos de corrente lineares, com a corrente fluindo ao longo de um fio filiforme sem espessura. Por outro lado, $\beta$ terá um valor finito se utilizarmos elementos de corrente superficiais (com a corrente bidimensional fluindo através de uma fita) ou volumétricos (com a corrente tridimensional fluindo através da seção reta de um fio com espessura não nula). Por outro lado, as partes 4, 5 e 6 estão simetricamente localizadas relativamente às partes 10, 11 e 12 e têm o mesmo tamanho. Portanto, a força que este lado do circuito faz nele mesmo será dada por $\vec{F}_{(4+5+6),(4+5+6)}^{G} = \beta\hat{x}$, não importando se $\beta$ é finita ou infinita. Obtemos assim:



...) $= \vec{0}$ , (8.17)

...a força exercida pelo su-
...n a expressão de Grass-
... $\vec{F}_{11,3}^{G} + \vec{F}_{5,3}^{G}$. Todas estas
..., (8.10) e (8.11). O resul-
...o suporte, de acordo com

(8.18)

...al. Ou seja, de acordo com
... força não nula nele mesmo.
...rça com elemento de corrente

...6) obtemos exatamente $-\vec{F}_{SP}^{G}$.
...smann neste circuito simples, a
...sta à força resultante na ponte,

...r resumido assim: se dividirmos
...e quisermos saber a força resul-
...Grassmann, precisamos calcular
... é um resultado extremamente
...itos autores, como Wesley por

## 8.2 Corrente Elétrica Bidimensional

Apesar de ainda não ser uma representação fiel da realidade, o elemento de corrente superficial permite fazer o cálculo da força em situações onde a utilização do modelo de elemento de corrente linear não o permite, devido a divergências. Nesta Seção calcularemos a força com as expressões de Ampère e Grassmann em diversas situações. Os principais resultados desta Seção foram publicados em 1996.[5]

### 8.2.1 Circuito Retangular I

O circuito com o qual faremos os cálculos agora é o da figura 8.4. Ele é de certa forma análogo ao circuito da figura 1.3 utilizado na experiência da ponte de Ampère. A espessura $w$ do circuito é uniforme. A ponte é constituída pelos pedaços 3, 4 e 5, enquanto que o suporte é formado pelos pedaços 1, 2 e 6. A densidade superficial de corrente $\vec{K}$ tem módulo $I/w$. Seu sentido em cada uma das partes do circuito é dado por: $\hat{x}$ na parte 1, $-\hat{x}$ na parte 4, $\hat{y}$ nas partes 2 e 3, assim como $-\hat{y}$ nas partes 5 e 6.

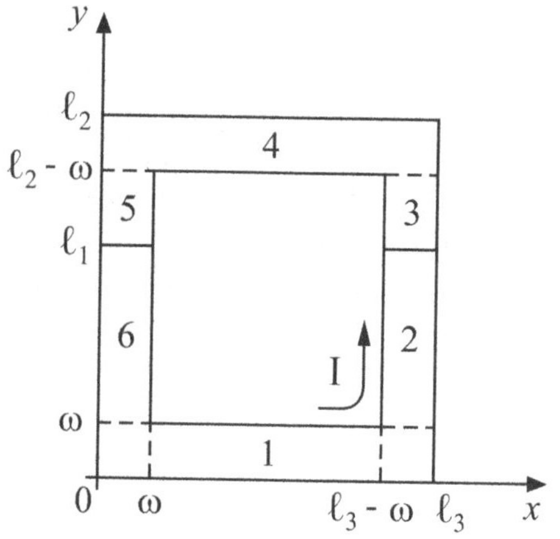


Figura 8.4: Circuito retangular com elementos de corrente superficiais. A ponte é constituída pelos pedaços 3, 4 e 5, enquanto que o suporte é constituído pelas partes 1, 2 e 6.

[5] [AB96].



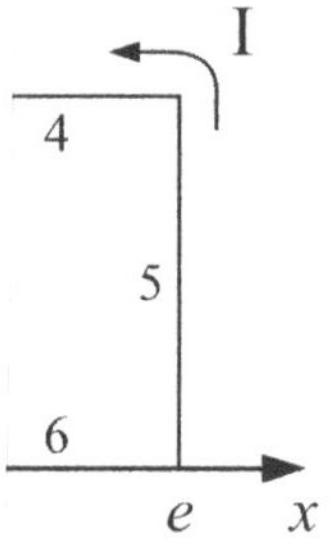


le correntes lineares. O pedaço
tal que $c - b = a$.

2 é fechado. Por ele flui uma
nteressados em saber a força
rtes de 2 até 12. A parte 1
mosa experiência da ponte de
2 até 12 será chamado de su-
ectada ao restante do circuito
s as suas extremidades, ou por
ecanicamente desconectada do
da a ele. Assim, a força nela
romper a corrente através do
nte linear, este cálculo é válido
nenor que outras dimensões no
nte e o comprimento dos lados
lesta Subseção são válidos nas
$f$.
te, representada por $\vec{F}_{SP}$, leva
e. O pedaço 2 tem o mesmo
$b = a$. Ao calcularmos com
ço 1) obtemos uma expressão
m $\alpha > 0$. O valor da grandeza
u seja, de seus comprimentos e
nto de corrente linear supondo
divergência pode ser vista da

Vamos supor que $\ell_1 \gg w$, $\ell_2 - \ell_1 \gg w$ e $\ell_3 \gg w$. Estas aproximações nos permitem utilizar as expressões de força com elementos de corrente lineares, equações (7.1) e (7.10), nas partes que não estão em contato. Já para as partes em contato do circuito (como, por exemplo, as partes 5 e 6 da figura 8.4), onde não podemos utilizar as expressões (7.1) e (7.10), utilizaremos as expressões de força com elementos de corrente superficiais, equações (7.35) e (7.37).

## Força de Ampère

No caso da força de Ampère será utilizada integração com elementos de corrente superficiais apenas para a força na parte 5 devida à parte 6, $\vec{F}^A_{65}$ (por simetria, $\vec{F}^A_{23}$ é igual a $\vec{F}^A_{65}$). Do fato da força de Ampère satisfazer sempre ação e reação, a força que a ponte faz nela mesma $\vec{F}^A_{PP}$ é nula. Do exposto acima podemos escrever que a força resultante na ponte $\vec{F}^A_P$ é dada por:

$$\vec{F}^A_P = 2\vec{F}^A_{65} + \vec{F}^A_{13} + \vec{F}^A_{63} + \vec{F}^A_{14} + \vec{F}^A_{24} + \vec{F}^A_{64} + \vec{F}^A_{15} + \vec{F}^A_{25} \ . \tag{8.19}$$

Explorando mais a simetria do circuito na figura 8.4 obtemos os seguintes resultados:

$$\left.\begin{array}{c} (F^A_{15})_x = -(F^A_{13})_x \ ; (F^A_{64})_x = -(F^A_{24})_x \ ; (F^A_{25})_x = -(F^A_{63})_x \ ; \\ (F^A_{15})_y = (F^A_{13})_y \ ; (F^A_{64})_y = (F^A_{24})_y \ ; (F^A_{25})_y = (F^A_{63})_y \ ; \\ (F^A_{14})_x = 0 \ ; (F^A_{65})_x = (F^A_{23})_x = 0 \ ; (F^A_{65})_y = (F^A_{23})_y \ . \end{array}\right\} \tag{8.20}$$

Das relações acima podemos então escrever para a equação (8.19):

$$\vec{F}^A_P = \hat{y}[2(F^A_{13} + F^A_{63} + F^A_{24} + F^A_{65})_y + (F^A_{14})_y] \ . \tag{8.21}$$

Com $\vec{r}_{56} = (x_5 - x_6)\hat{x} + (y_5 - y_6)\hat{y}$, $da_5 = dx_5 dy_5$, $da_6 = dx_6 dy_6$ e substituindo os limites de integração na equação (7.35) obtemos:

$$\begin{aligned} (F^A_{65})_y &= \frac{\mu_0 I^2}{4\pi\omega^2} \int_0^\omega dx_5 \int_{\ell_1}^{\ell_2-\omega} dy_5 \int_0^\omega dx_6 \int_\omega^{\ell_1} dy_6 \\ &\quad \times \left( \frac{3(y_5 - y_6)^3}{[(x_5 - x_6)^2 + (y_5 - y_6)^2]^{5/2}} \right. \\ &\quad \left. - \frac{2(y_5 - y_6)}{[(x_5 - x_6)^2 + (y_5 - y_6)^2]^{3/2}} \right) \ . \end{aligned} \tag{8.22}$$

Apesar de trabalhosas, as integrais acima podem ser resolvidas. O valor final exato é dado por:[6]

$$\begin{aligned}(F_{65}^A)_y &= \frac{\mu_0 I^2}{4\pi\omega^2}\Big\{2(\ell_1-\omega)(\ell_2-\ell_1-\omega)+(\ell_2-\ell_1-\omega)\\ &\times [w^2+(\ell_2-\ell_1-\omega)^2]^{1/2}-(\ell_2-2\omega)[\omega^2+(\ell_2-2\omega)^2]^{1/2}\\ &+(\ell_1-\omega)[\omega^2+(\ell_1-\omega)^2]^{1/2}+\omega^2\,\text{senh}^{-1}\left(\frac{\ell_2-\ell_1-\omega}{\omega}\right)\\ &-\omega^2\,\text{senh}^{-1}\left(\frac{\ell_2-2\omega}{\omega}\right)+\omega^2\,\text{senh}^{-1}\left(\frac{\ell_1-\omega}{\omega}\right)\Big\}\,. \qquad (8.23)\end{aligned}$$

Se fizermos $\omega \to 0$ este resultado irá para infinito, mostrando mais uma vez a divergência que ocorre com fios em contato se utilizarmos elemento de corrente linear.

As outras parcelas da expressão (8.21) podem ser calculadas utilizando as equações (8.3) e (8.9). A força na ponte devida aos elementos de corrente filiformes que não estão em contato com ela, representada por $\vec{F}^A_{FP}$, é dada por:

$$\begin{aligned}\vec{F}^A_{FP} &= \hat{y}\frac{\mu_0 I^2}{2\pi}\left[\ln\left(\frac{\ell_2}{\ell_1}\right)-\ln\left(\frac{\ell_2-\ell_1}{\ell_2}\right)-\text{senh}^{-1}\left(\frac{\ell_2}{\ell_3}\right)\right.\\ &\left.+\frac{(\ell_2^2+\ell_3^2)^{1/2}}{\ell_2}\right]\,. \qquad (8.24)\end{aligned}$$

Quando calculamos a força entre partes não em contato, como fizemos ao chegar na equação (8.24), implicitamente utilizamos que $\omega \ll \ell_1$, $\omega \ll \ell_2 - \ell_1$ e $\omega \ll \ell_3$. Por razões de consistência, devemos também expandir o resultado entre as partes em contato dado pela equação (8.23) utilizando esta aproximação. Com termos até segunda ordem em $\omega/\ell$, sendo $\ell$ um dos comprimentos que acabamos de citar, obtemos:

$$\vec{F}^A_{65} = \hat{y}\frac{\mu_0 I^2}{4\pi}\left[\ln\left(\frac{\ell_1}{\omega}\right)+\ln\left(\frac{\ell_2-\ell_1}{\ell_2}\right)+\ln 2+\frac{1}{2}+O\left(\frac{\omega}{\ell}\right)^3\right]\,. \qquad (8.25)$$

Somando então o dobro da equação (8.25) com a equação (8.24) obtemos o valor da força de Ampère exercida sobre a ponte, $\vec{F}^A_P$, como dado por:[7]

[6] [AB96].
[7] [AB96].

$$\vec{F}_P^A = \hat{y}\frac{\mu_0 I^2}{2\pi}\left[\ln\left(\frac{\ell_2}{\omega}\right) - \text{senh}^{-1}\left(\frac{\ell_2}{\ell_3}\right) + \frac{(\ell_2^2+\ell_3^2)^{1/2}}{\ell_2} \right.$$
$$\left. + \ln 2 + \frac{1}{2} + O\left(\frac{\omega}{\ell}\right)^3\right] . \qquad (8.26)$$

É interessante notar que este resultado não depende do valor da altura da ponte, já que é independente de $\ell_1$.

Já que o resultado exato da integração com elementos de corrente superficiais não é utilizado, mas sim a sua expansão, poderíamos ter aproximado o cálculo das integrais, sem resolvê-las exatamente, ao invés de ter calculado exatamente as integrais e depois ter feito uma expansão do resultado exato integrado. Utilizando o método de aproximação para integrais, descrito no Apêndice A, obtivemos o valor aproximado dado pela equação (8.25) para as integrais representadas na equação (8.22). Apresentamos estas contas em detalhes no Apêndice B.

### Força de Grassmann

Faremos o cálculo da força na ponte da figura 8.4 devida ao circuito todo com a força de Grassmann, $\vec{F}_P^G$. Seguiremos o mesmo procedimento utilizado com a força de Ampère na Seção anterior. Só utilizaremos integração com elementos de corrente superficiais para as partes em contato do circuito.

Com a força de Grassmann não podemos afirmar *a priori* que a força que a ponte faz nela mesma seja nula. Ou seja, não podemos afirmar que $\vec{F}_{PP}^G = \vec{0}$. A força que a ponte exerce em si própria é dada por $\vec{F}_{PP}^G = \vec{F}_{43}^G + \vec{F}_{53}^G + \vec{F}_{34}^G + \vec{F}_{54}^G + \vec{F}_{35}^G + \vec{F}_{45}^G$. Podemos simplificar esta expressão com as seguintes relações (através de simetrias na figura 5.7 e dos resultados da figura 8.2):

$$\left.\begin{array}{c} (F_{43}^G)_x = -(F_{45}^G)_x \,;\, (F_{53}^G)_x = -(F_{35}^G)_x \,;\, (F_{34}^G)_y = (F_{54}^G)_y \,; \\ (F_{43}^G)_y = (F_{53}^G)_y = (F_{34}^G)_x = (F_{54}^G)_x = (F_{35}^G)_y = (F_{45}^G)_y = 0 \,. \end{array}\right\} \qquad (8.27)$$

Portanto:

$$\vec{F}_{PP}^G = \hat{y}[2(F_{54}^G)_y] \,. \qquad (8.28)$$

As simetrias apresentadas na equação (8.20) também são válidas para a força de Grassmann. Das equações (8.21) e (8.28) obtém-se:

$$\vec{F}_P^G = \hat{y}[2(F_{13}^G + F_{63}^G + F_{24}^G + F_{65}^G + F_{54}^G)_y + (F_{14}^G)_y] . \qquad (8.29)$$

Com $\vec{r}_{45} = (x_4 - x_5)\hat{x} + (y_4 - y_5)\hat{y}$, $da_4 = dx_4 dy_4$, $da_5 = dx_5 dy_5$ e os limites de integração adequados obtemos:

$$\begin{aligned}(F_{54}^G)_y &= \frac{\mu_0 I^2}{4\pi\omega^2}\int_0^{\ell_3} dx_4 \int_{\ell_2-\omega}^{\ell_2} dy_4 \int_0^{\omega} dx_5 \int_{\ell_1}^{\ell_2-\omega} dy_5 \\ &\times \frac{(x_4 - x_5)}{[(x_4 - x_5)^2 + (y_4 - y_5)^2]^{3/2}} . \end{aligned} \qquad (8.30)$$

Resolvendo estas integrais e depois expandindo o resultado em $\omega/\ell$ até a segunda ordem,[8] ou aplicando o método de aproximação às integrais, obtém-se:[9]

$$\begin{aligned}(F_{54}^G)_y &= \frac{\mu_0 I^2}{4\pi}\left[\ln\left(\frac{\ell_2 - \ell_1}{\omega}\right) - \text{senh}^{-1}\left(\frac{\ell_2 - \ell_1}{\ell_3}\right)\right. \\ &\left. + \ln 2 + \frac{\sqrt{2}}{2} - \frac{3}{2}\text{senh}^{-1}(1) + \frac{1}{2} + O\left(\frac{\omega}{\ell}\right)^3\right] . \end{aligned} \qquad (8.31)$$

Esta força diverge quando $\omega \to 0$, assim como ocorreu na equação (8.23). As outras parcelas da equação (8.29) podem ser calculadas utilizando as expressões (8.5) e (8.10). A força na ponte devida aos elementos de corrente filiformes que não estão em contato mútuo, representada por $\vec{F}_{FP}^G$, é dada por:

$$\begin{aligned}\vec{F}_{FP}^G &= \hat{y}\frac{\mu_0 I^2}{2\pi}\left[\text{senh}^{-1}\left(\frac{\ell_2 - \ell_1}{\ell_3}\right) - \text{senh}^{-1}\left(\frac{\ell_2}{\ell_3}\right) - \ln\left(\frac{\ell_2 - \ell_1}{\ell_2}\right)\right. \\ &\left. + \frac{(\ell_2^2 + \ell_3^2)^{1/2}}{\ell_2} - 1\right] . \end{aligned} \qquad (8.32)$$

Substituindo as equações (8.32) e (8.31) na equação (8.29) obtemos a força na ponte devida ao circuito todo com a expressão de Grassmann como sendo dada por:

---

[8] A grandeza $\ell$ sempre representa um comprimento típico do circuito.
[9] [AB96].

$$\vec{F}_P^G = \hat{y}\frac{\mu_0 I^2}{2\pi}\left[\ln\left(\frac{\ell_2}{\omega}\right) - \text{senh}^{-1}\left(\frac{\ell_2}{\ell_3}\right) + \frac{(\ell_2^2+\ell_3^2)^{1/2}}{\ell_2} + \ln 2 \right.$$
$$\left. + \frac{\sqrt{2}}{2} - \frac{3}{2}\text{senh}^{-1}(1) - \frac{1}{2} + O\left(\frac{\omega}{\ell}\right)^3\right] . \tag{8.33}$$

Com a força de Grassmann o resultado também independe da altura $\ell_1$ da ponte. Este resultado difere do resultado análogo com a força de Ampère, equação (8.26), apenas nas constantes numéricas. Comentaremos esta diferença mais adiante.

### 8.2.2 Circuito Retangular II

Nosso segundo circuito é apresentado na figura 8.5, análogo à experiência da ponte de Ampère, figura 1.3. A espessura $\omega$ é uniforme e continuam valendo as definições de ponte e suporte do circuito da figura 8.4.

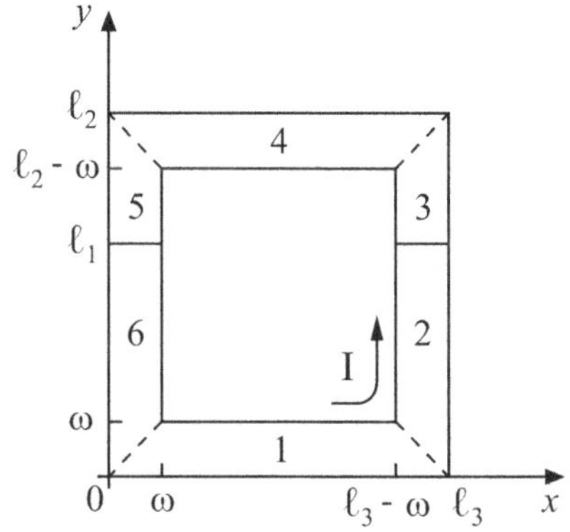


Figura 8.5: Circuito retangular com linhas de corrente fechadas. A ponte é representada pelas partes 3, 4 e 5, enquanto que o suporte é representado pelas partes 1, 2 e 6.

A única diferença relativa à figura 8.4 é na terminação de cada uma das partes. Cada linha de corrente agora é fechada, como indicado na figura 8.6. Na figura 8.6 (a) temos a terminação das partes da figura 8.4, enquanto na figura 8.6 (b) temos a terminação das partes do circuito da figura 8.5. Como podemos ver, a descontinuidade abrupta que ocorre com a corrente no caso (a) não ocorre no caso (b).

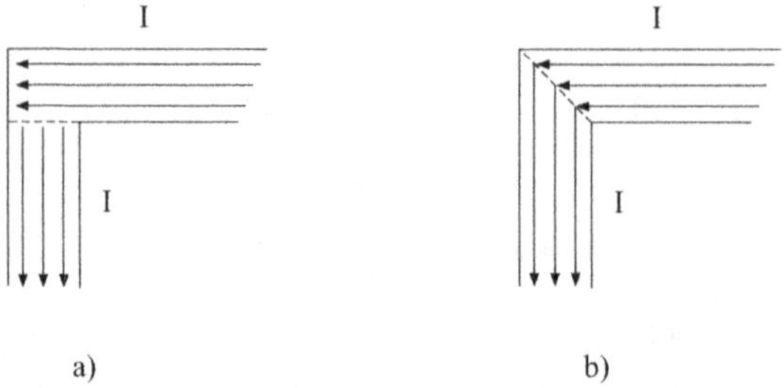


Figura 8.6: Terminação das partes do circuito retangular.

**Força de Ampère**

O que muda com relação ao cálculo feito na Subseção 8.2.1 são os limites de integração da força que a parte 6 faz na parte 5, representada por $\vec{F}^A_{65}$. A expressão para a força na ponte devida aos elementos não em contato, dada pela equação (8.24), continua válida neste caso pois a terminação das partes não importa quando lidamos com elementos de corrente lineares. Da expressão (8.22) e da figura 8.5 obtém-se então:

$$(F^A_{65})_y = \frac{\mu_0 I^2}{4\pi\omega^2}\int_0^\omega dx_6 \int_{x_6}^{\ell_1} dy_6 \int_0^\omega dx_5 \int_{\ell_1}^{\ell_2 - x_5} dy_5 \times \left(\frac{3(y_5-y_6)^3}{[(x_5-x_6)^2+(y_5-y_6)^2]^{5/2}} - \frac{2(y_5-y_6)}{[(x_5-x_6)^2+(y_5-y_6)^2]^{3/2}}\right) . \quad (8.34)$$

Fazendo o cálculo das integrais e expandindo o resultado final, da mesma forma como foi feito anteriormente, ou então aplicando o método de aproximação nas integrais, os resultados são iguais ao obtido na equação (8.26). Portanto, com a força de Ampère, não obtivemos diferença alguma modificando a terminação das partes do circuito nesta ordem de aproximação. Assim sendo, a força na ponte devida ao restante do circuito continua sendo dada pela expressão (8.26). Em seguida faremos o cálculo com a força de Grassmann.

**Força de Grassmann**

A expressão para a força entre os elementos não em contato, equação (8.32), continua válida para o circuito da figura 8.5. A modificação nos limites de integração da equação (8.30) para a nova situação da figura 8.5 leva à seguinte expressão:

$$(F_{54}^G)_y = \frac{\mu_0 I^2}{4\pi\omega^2}\int_{\ell_2-y_4}^{y_4+\ell_3-\ell_2} dx_4 \int_{\ell_2-\omega}^{\ell_2} dy_4 \int_0^{\omega} dx_5 \int_{\ell_1}^{\ell_2-x_5} dy_5 \times \frac{x_4-x_5}{[(x_4-x_5)^2+(y_4-y_5)^2]^{3/2}} . \quad (8.35)$$

Tanto a aplicação do método de aproximação às integrais da equação (8.35), quanto o cálculo exato das integrais seguido da expansão do resultado exato, conduzem ao seguinte resultado:

$$(F_{54}^G)_y = \frac{\mu_0 I^2}{4\pi}\left[\ln\left(\frac{\ell_2-\ell_1}{\omega}\right) - \text{senh}^{-1}\left(\frac{\ell_2-\ell_1}{\ell_3}\right) + \ln 2 + \frac{3}{2} + O\left(\frac{\omega}{\ell}\right)^3\right] . \quad (8.36)$$

A mudança da terminação das partes do circuito mudou o valor da constante numérica em $(F_{54}^G)_y$, como podemos ver comparando a equação (8.31) com a equação (8.36). A força resultante é obtida substituindo na expressão (8.29) as equações (8.32) e (8.36). Obtemos então o seguinte valor para a força resultante na ponte de acordo com a expressão de Grassmann:

$$\vec{F}_P^G = \hat{y}\frac{\mu_0 I^2}{2\pi}\left[\ln\left(\frac{\ell_2}{\omega}\right) - \text{senh}^{-1}\left(\frac{\ell_2}{\ell_3}\right) + \frac{(\ell_2^2+\ell_3^2)^{1/2}}{\ell_2} + \ln 2 + \frac{1}{2} + O\left(\frac{\omega}{\ell}\right)^3\right] . \quad (8.37)$$

Este resultado difere da equação (8.33) obtido pela força de Grassmann no caso da figura 8.4. Por outro lado, a equação (8.37) é exatamente igual ao obtido com a força de Ampère no caso das pontes das figuras 8.4 e 8.5, dado pela equação (8.26), como discutimos em 1996.[10]

### 8.2.3 Circuito Retangular III

Continuando com elementos de corrente superficiais faremos agora o cálculo com o circuito da figura 8.7. A ponte é a parte 3 do circuito e o suporte é

[10] [AB96].

8.7, que é dada pelo pedaço 3, tem o mesmo valor que a força resultante calculada pela expressão de Ampère na ponte da figura 8.5, que é dada pelos pedaços 3, 4 e 5.

**Força de Grassmann**

Da mesma forma que obtivemos a equação (8.40), obtemos com a expressão (7.37) que a força do pedaço 4 ao atuar no pedaço 3, de acordo com a expressão de Grassmann, é dada por:

$$\begin{aligned}(F_{43}^G)_y &= \frac{\mu_0 I^2}{4\pi\omega^2}\int_0^\omega dx_4 \int_{x_4}^{\ell_2 - x_4} dy_4 \int_{\ell_2-\omega}^{\ell_2} dy_3 \int_{\ell_2-y_3}^{y_3+\ell_3-\ell_2} dx_3 \\ &\times \frac{x_3 - x_4}{[(x_3-x_4)^2 + (y_3-y_4)^2]^{3/2}} . \end{aligned} \tag{8.43}$$

A solução destas integrais pelo método de aproximação descrito no Apêndice A leva ao seguinte resultado:

$$(F_{43}^G)_y = \frac{\mu_0 I^2}{4\pi}\left[\ln\left(\frac{\ell_2}{\omega}\right) - \text{senh}^{-1}\left(\frac{\ell_2}{\ell_3}\right) + \ln 2 + \frac{3}{2} + O\left(\frac{\omega}{\ell}\right)^3\right] . \tag{8.44}$$

Da equação (8.5) e da figura 8.7 obtemos que a força do pedaço 1 no pedaço 3, de acordo com Grassmann, é dada por:

$$(F_{13}^G)_y = \frac{\mu_0 I^2}{2\pi}\left[\frac{(\ell_2^2 + \ell_3^2)^{1/2}}{\ell_2} - 1\right] . \tag{8.45}$$

Utilizando a equação (8.45) e a equação (8.44) na expressão (8.39) mostra que a força resultante na ponte 3 da figura 8.7, com a expressão de Grassmann, é dada pela equação (8.37). Ou seja, como havíamos previsto, a força resultante calculada pela expressão de Grassmann na ponte da figura 8.7, que é dada pelo pedaço 3, tem o mesmo valor que a força resultante calculada pela expressão de Grassmann na ponte da figura 8.5, que é dada pelos pedaços 3, 4 e 5.

### 8.2.4 Comentários

Independentemente da terminação que foi utilizada para as partes que compõem os circuitos das figuras 8.4 e 8.5, a força na ponte devida ao circuito todo independe da altura $\ell_1$ da ponte. Este fato pode ser concluído a partir das expressões (8.26), (8.33) e (8.37). Pudemos comprovar este resultado com o circuito da figura 8.7.

A força resultante na ponte calculada pela expressão de Grassmann, dada pela equação (8.37), tem exatamente o mesmo valor que a força resultante na ponte calculada pela expressão de Ampère, dada pela equação (8.26). Esta igualdade mostra que a força de Grassmann prediz exatamente a mesma força na ponte que a força de Ampère. Esta igualdade é válida tanto para a ponte da figura 8.5, composta pelos pedaços 3, 4 e 5, quanto para a ponte da figura 8.7, composta apenas pelo pedaço 3. É extremamente importante ressaltar dois aspectos fundamentais que foram necessários para se obter esta igualdade. O primeiro aspecto foi a inclusão da força da ponte nela mesma quando utilizamos a expressão de Grassmann. Com a expressão de Ampère não é necessário incluir a força da ponte nela própria, já que esta força é obviamente nula. O segundo aspecto foi utilizar um circuito contendo apenas linhas de corrente contínuas e fechadas, como mostrado na figura 8.6 (b). Estes dois aspectos, fundamentais para se obter a equivalência entre as forças de Ampère e de Grassmann, não foram levados em conta por Wesley. Ele conclui erradamente que a força de Ampère era a única compatível com os experimentos.[12]

Vamos agora explicar o motivo pelo qual a força de Ampère não se modificou do circuito da figura 8.4 para o circuito da figura 8.5, já que nos dois casos a força resultante na ponte foi dada pela equação (8.26). Esta igualdade já não aconteceu com a força de Grassmann pois esta se modificou de uma figura para a outra, como pode ser visto comparando as equações (8.33) e (8.37). Utilizaremos a figura 8.8 para nossa explicação.

No circuito da figura 8.4 calculamos a força de Ampère na parte 5 devida à parte 6. No caso da figura 8.5 calculamos a força que a parte $6+6'$ faz na parte $5+5'$, sendo que estas partes 5, $5'$, 6 e $6'$ estão indicadas na figura 8.8. No segundo caso temos a mais que no primeiro as seguintes forças: $\vec{F}^A_{6'5}$, $\vec{F}^A_{65'}$ e $\vec{F}^A_{6'5'}$. Todas estas forças são pequenas, já que $\ell_1$ e $\ell_2-\ell_1$ são muito maiores que $\omega$. Quando fazemos expansão até segunda ordem em $\omega/\ell$, obtemos a mesma força resultante sobre a ponte utilizando a expressão de Ampère nos casos das figuras 8.4 e 8.5. O motivo para esta igualdade é que as forças $\vec{F}^A_{6'5}$, $\vec{F}^A_{65'}$ e $\vec{F}^A_{6'5'}$ contribuem apenas com termos de terceira ordem para cima na expansão. Como estes termos de terceira ordem estão sendo desprezados

[12] [Wes90a].

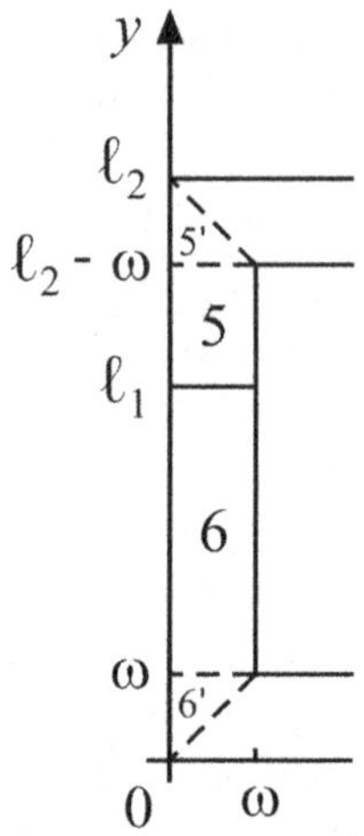


Figura 8.8: As duas terminações das partes do circuito, no caso em que foi utilizada a expressão de Ampère para calcular a força resultante na ponte.

em nossas contas, obtemos a igualdade das forças resultantes sobre as pontes destas duas figuras.

Já com a expressão de Grassmann a força resultante sobre a ponte 345 da figura 8.4 teve um valor diferente da força resultante sobre a ponte 345 da figura 8.5, como pode ser visto comparando as equações (8.33) e (8.37). Utilizaremos a figura 8.9 para nossa explicação desta diferença.

Para chegar na equação (8.33) calculamos a força da parte 5 atuando nas partes 4, $4'$ e $4''$, força esta representada por $\vec{F}^G_{5,\ 4+4'+4''}$, sendo que estas partes estão representadas na figura 8.9. Já para chegar na equação (8.37) calculamos a força das partes $4'$ e 5 atuando na parte 4, força esta representada por $\vec{F}^G_{4'+5,\ 4}$. A diferença entre estes dois casos é que, no segundo caso, não calculamos $\vec{F}^G_{5,\ 4''}$ e, ao invés de calcularmos $\vec{F}^G_{5,\ 4'}$, calculamos $\vec{F}^G_{4',\ 4}$. A diferença entre estes dois cálculos não é desprezível, pois os elementos $4'$ e 5 estão em contato, o mesmo ocorrendo com $4'$ e 4. Logo, as forças $\vec{F}^G_{4',\ 4}$ e $\vec{F}^G_{5,\ 4'}$ vão ter componentes de segunda ordem em $\omega/\ell$, que não necessariamente precisam ser os mesmos. Neste caso em particular temos que: $\vec{F}^G_{4',\ 4} \neq \vec{F}^G_{5,\ 4'}$ mesmo em termos de segunda ordem em $\omega/\ell$.

Já com a força de Ampère a terminação das linhas de corrente na ponte não era relevante pois obtivemos a mesma força resultante nos casos das

**ıssmann**

›es por simetria apresentadas nas equações (8.20) e (8.27) neste caso. Portanto, a equação (8.29) é a expressão correta da força resultante na ponte com a expressão de Grassmann ıito volumétrico da figura 8.10. Esta força é representada por

ı equação (7.38) com os limites de integração para as partes 4 .0, usando ainda que $\vec{r}_{45} = (x_4 - x_5)\hat{x} + (y_4 - y_5)\hat{y} + (z_4 - z_5)\hat{z}$, e $\vec{J}_5 = -(I/\omega^2)\hat{y}$, obtém-se:

$$\frac{\mu_0 I^2}{4\pi\omega^4}\int_0^\omega dz_4 \int_0^\omega dz_5 \int_0^\omega dx_5 \int_{\ell_2-\omega}^{\ell_2} dy_4 \int_{\ell_2-y_4}^{y_4+\ell_3-\ell_2} dx_4 \times \int_{\ell_1}^{\ell_2-x_5} dy_5 \frac{x_4 - x_5}{[(x_4-x_5)^2 + (y_4-y_5)^2 + (z_4-z_5)^2]^{3/2}} . \quad (8.49)$$

mensional obtivemos uma igualdade entre as expressões de rassmann para a força resultante na ponte nos circuitos das Ou seja, obtivemos que $\vec{F}_P^A = \vec{F}_P^G$. Da mesma forma, espera- gualdade entre as expressões de Ampère e de Grassmann no volumétrico da figura 8.10 ao calcularmos a força resultante vida a todo o circuito. Assim sendo, ao invés de calcularmos equação (8.49), vamos supor que o resultado para $\vec{F}_P^G$ no ı 8.10 seja o mesmo resultado que aquele representado pela com a força de Ampère. Em seguida provaremos que isto verdade.

ever as forças resultantes na ponte devidas ao circuito todo ›s de Ampère e de Grassmann como sendo dadas por, res-

$$\vec{F}_P^A = \vec{F}_{FP}^A + \hat{y}[2(F_{65}^A)_y] , \quad (8.50)$$

$$\vec{F}_P^G = \vec{F}_{FP}^G + \hat{y}[2(F_{54}^G)_y] . \quad (8.51)$$

$\vec{F}_{FP}^A$ e $\vec{F}_{FP}^G$ representam as forças exercidas sobre a ponte ırmes que não estão em contato. Estas forças são dadas



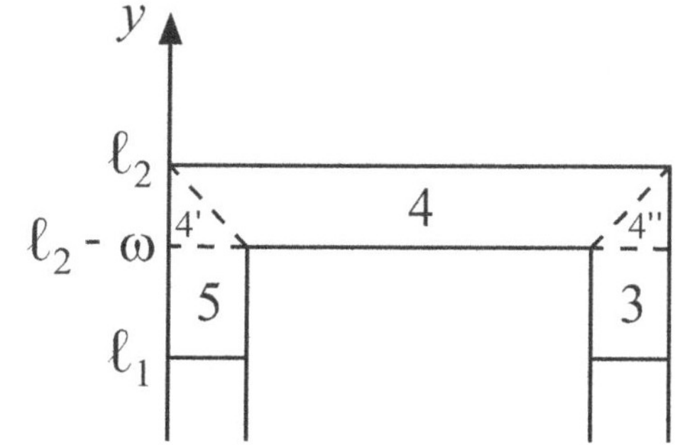


Figura 8.9: As duas terminações das partes do circuito, no caso no caso em que foi utilizada a expressão de Grassmann para calcular a força resultante na ponte.

figuras 8.4, 8.5 e 8.7

Por fim, no caso do coeficiente de auto-indutância do circuito da figura 5.7, não foi preciso alterar a terminação dos pedaços para se obter a equivalência entre as fórmulas de Neumann, Weber, Maxwell e Graneau, sendo todas elas dadas pela equação (5.11), como tivemos que fazer no caso das forças de Grassmann e Ampère. O motivo desta diferença está na dependência das fórmulas com $r$ (distância entre as partículas). Enquanto as fórmulas do coeficiente de indutância dependem de $1/r$, as fórmulas para a força dependem de $1/r^2$. Como pudemos verificar com os nossos cálculos, a dependência em $1/r^2$ da força produz alterações em termos de até segunda ordem em $\omega/\ell$ quando alteramos a terminação dos pedaços. Já a dependência em $1/r$ do coeficiente de indutância não produz estas alterações em termos de até segunda ordem em $\omega/\ell$ quando alteramos a terminação dos pedaços.

## 8.3 Corrente Elétrica Tridimensional

A utilização de elementos de corrente volumétricos faz com que os resultados obtidos possam ser melhor comparados com os dados experimentais do que os obtidos com elementos de corrente superficiais. Este é o objetivo desta Seção. Para tal, utilizaremos uma versão volumétrica do circuito apresentado na figura 8.5. Calcularemos então a força na ponte devida ao circuito todo com as expressões de Ampère e Grassmann. Os principais resultados desta

Seção foram publicados pela primeira vez em 1996.[13]

## 8.3.1 Circuito Retangular

O circuito com elementos de corrente volumétricos que utilizaremos é o da figura 8.10. Ele é análogo ao circuito utilizado na ponte de Ampère, figura 1.3. As definições de ponte e suporte são as mesmas definições destas grandezas para o circuito da figura 8.5. A seção reta do circuito é um quadrado de lados $\omega$. O fluxo de corrente é uniforme na seção reta de cada pedaço do circuito. Com isso a densidade volumétrica de corrente $|\vec{J}|$ pode ser escrita como $I/\omega^2$, onde $I$ é a corrente que flui no circuito. Suporemos, para simplificar, que $\omega \ll \ell_1$, $\omega \ll \ell_2 - \ell_1$ e $\omega \ll \ell_3$.

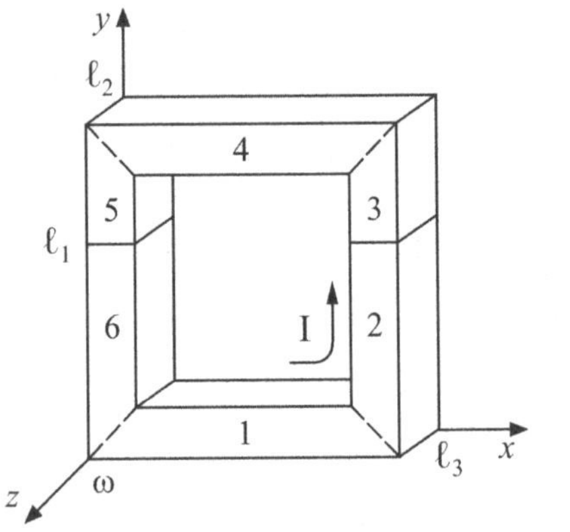


Figura 8.10: Circuito retangular com elementos de corrente volumétricos. A ponte é constituída pelos pedaços 3, 4 e 5, enquanto que o suporte é constituído pelos pedaços 1, 2 e 6.

As relações de simetria representadas pelas equações (8.20) e (8.27) continuam válidas para este caso. Portanto, a força na ponte devida ao circuito todo com a expressão de Ampère continua sendo dada pela equação (8.21). Já com Grassmann a força resultante na ponte é dada pela equação (8.29). Para as partes não em contato do circuito podemos utilizar dentro desta aproximação elementos de corrente lineares com a corrente fluindo em circuitos filiformes. O cálculo da força na ponte devida às partes não em contato,

[13] [AB96].

pelas equações (8.24) e (8.32), respectivamente. Já a força $(F_{65}^A)_y$ é dada pela equação (8.47), enquanto que a força $(F_{65}^G)_y$ é dada pela equação (8.49).

Supondo então que $\vec{F}_P^A = \vec{F}_P^G$, obtemos das equações (8.50) e (8.51) o seguinte resultado ao definir a grandeza $\vec{R}$ por $\hat{y}(F_{65}^A - F_{54}^G)_y$:

$$\begin{aligned} \vec{R} &\equiv \hat{y}(F_{65}^A - F_{54}^G)_y = \frac{1}{2}(\vec{F}_{FP}^G - \vec{F}_{FP}^A) \\ &= \hat{y}\frac{\mu_0 I^2}{4\pi}\left[\operatorname{senh}^{-1}\left(\frac{\ell_2 - \ell_1}{\ell_3}\right) - \ln\left(\frac{\ell_2}{\ell_1}\right) - 1\right] . \end{aligned} \tag{8.52}$$

Integrando a equação (8.49) em $x_4$ e $y_5$ obtém-se:

$$\begin{aligned} (F_{54}^G)_y &= \frac{\mu_0 I^2}{4\pi\omega^4}\int_0^\omega dz_4 \int_0^\omega dz_5 \int_0^\omega dx_5 \int_{\ell_2-\omega}^{\ell_2} dy_4 \\ &\times \left\{ \ln\Big((y_4 - \ell_1) + [(\ell_2 - y_4 - x_5)^2 \right. \\ &+ (z_4 - z_5)^2 + (y_4 - \ell_1)^2]^{1/2}\Big) \\ &- \ln\Big[(y_4 - \ell_2 + x_5) + [2(\ell_2 - y_4 - x_5)^2 + (z_4 - z_5)^2]^{1/2}\Big] \\ &+ \operatorname{senh}^{-1}\left(\frac{y_4 - \ell_2 + x_5}{[(y_4 + \ell_3 - \ell_2 - x_5)^2 + (z_4 - z_5)^2]^{1/2}}\right) \\ &- \left. \operatorname{senh}^{-1}\left(\frac{y_4 - \ell_1}{[(y_4 + \ell_3 - \ell_2 - x_5)^2 + (z_4 - z_5)^2]^{1/2}}\right)\right\} . \end{aligned} \tag{8.53}$$

Por outro lado, a integração da equação (8.46) em $y_6$ e $y_5$ fornece o seguinte resultado:

$$\begin{aligned} (F_{65}^A)_y &= \frac{\mu_0 I^2}{4\pi\omega^4}\int_0^\omega dz_5 \int_0^\omega dz_6 \int_0^\omega dx_5 \int_0^\omega dx_6 \\ &\times \Big\{ \ln\Big[(\ell_2 - \ell_1 - x_5) + [(x_5 - x_6)^2 + (z_5 - z_6)^2 \\ &+ (\ell_2 - \ell_1 - x_5)^2]^{1/2}\Big] \\ &- \ln\Big[(\ell_2 - x_5 - x_6) + [(x_5 - x_6)^2 + (z_5 - z_6)^2 \\ &+ (\ell_2 - x_5 - x_6)^2]^{1/2}\Big] \end{aligned}$$

$$
\begin{aligned}
&+ \ln\Big[(\ell_1 - x_6) + [(x_5 - x_6)^2 + (z_5 - z_6)^2 + (\ell_1 - x_6)^2]^{1/2}\Big] \\
&- \frac{\ell_2 - \ell_1 - x_5}{[(x_5 - x_6)^2 + (z_5 - z_6)^2 + (\ell_2 - \ell_1 - x_5)^2]^{1/2}} \\
&+ \frac{\ell_2 - x_5 - x_6}{[(x_5 - x_6)^2 + (z_5 - z_6)^2 + (\ell_2 - x_5 - x_6)^2]^{1/2}} \\
&- \frac{\ell_1 - x_6}{[(x_5 - x_6)^2 + (z_5 - z_6)^2 + (\ell_1 - x_6)^2]^{1/2}} \\
&- \frac{1}{2}\ln\Big[(x_5 - x_6)^2 + (z_5 - z_6)^2\Big]\Big\} . \qquad (8.54)
\end{aligned}
$$

Fazendo a mudança de variável $z_4 = z_6$ e $y_4 = x_6 + \ell_2 - \omega$ na equação (8.53) obtém-se:

$$
\begin{aligned}
(F_{54}^G)_y &= \frac{\mu_0 I^2}{4\pi\omega^4}\int_0^\omega dz_5 \int_0^\omega dz_6 \int_0^\omega dx_5 \int_0^\omega dx_6 \\
&\times \Big\{\ln\Big[(x_6 + \ell_2 - \ell_1 - \omega) + [(\omega - x_6 - x_5)^2 + (z_6 - z_5)^2 \\
&+ (x_6 + \ell_2 - \ell_1 - \omega)^2]^{1/2}\Big] \\
&- \ln\Big[(x_6 + x_5 - \omega) + (2(\omega - x_6 - x_5)^2 + (z_6 - z_5)^2)^{1/2}\Big] \\
&+ \text{senh}^{-1}\left(\frac{x_6 + x_5 - \omega}{[(\ell_3 - x_5 + x_6 - \omega)^2 + (z_6 - z_5)^2]^{1/2}}\right) \\
&- \text{senh}^{-1}\left(\frac{x_6 + \ell_2 - \ell_1 - \omega}{[(\ell_3 - x_5 + x_6 - \omega)^2 + (z_6 - z_5)^2]^{1/2}}\right)\Big\} . \qquad (8.55)
\end{aligned}
$$

Utilizando o método de aproximação de integrais em algumas parcelas das equações (8.54) e (8.55), substituindo então estes resultados na equação (8.52) obtém-se que:

$$
\begin{aligned}
\vec{R} &= \hat{y}\frac{\mu_0 I^2}{4\pi\omega^4}\Big\{\omega^4\left[\text{senh}^{-1}\left(\frac{\ell_2 - \ell_1}{\ell_3}\right) - \ln\left(\frac{\ell_2}{\ell_1}\right) - 1\right] \\
&- \int_0^\omega dz_5 \int_0^\omega dz_6 \int_0^\omega dx_5 \int_0^\omega dx_6 \Big\{\frac{1}{2}\ln\Big[(x_6 - x_5)^2 + (z_6 - z_5)^2\Big] \\
&- \ln\Big[(x_6 + x_5 - \omega) + (2(\omega - x_6 - x_5)^2 + (z_6 - z_5)^2)^{1/2}\Big]\Big\}
\end{aligned}
$$

$$+ O\left(\frac{\omega}{\ell}\right)^3\Bigg\} . \tag{8.56}$$

Comparando a equação (8.52) com a equação (8.56) vemos que a nossa hipótese inicial de que $\vec{F}_P^G = \vec{F}_P^A$ será válida se demonstrarmos o seguinte resultado:

$$\int_0^\omega dz_5 \int_0^\omega dz_6 \int_0^\omega dx_5 \int_0^\omega dx_6 \ \ln \ \left[(x_6 - x_5)^2 + (z_6 - z_5)^2\right]^{1/2} =$$
$$\int_0^\omega dz_5 \int_0^\omega dz_6 \int_0^\omega dx_5 \int_0^\omega dx_6 \ \ln \ \Big[(x_6 + x_5 - \omega) + [2(\omega - x_6 - x_5)^2 + (z_6 - z_5)^2]^{1/2}\Big] . \tag{8.57}$$

Manipulando o integrando do lado direito da equação (8.57) e fazendo algumas mudanças óbvias de variáveis, verificamos facilmente esta igualdade.

Assim, completamos a demonstração de que a força resultante na ponte calculada com a expressão de Grassmann, $\vec{F}_P^G$, para o circuito da figura 8.10, tem o mesmo valor que a força resultante na ponte calculada com a expressão de Ampère, $\vec{F}_P^A$, dada pela equação (8.48).

### 8.3.2 Comentários

No circuito com elementos de corrente volumétricos da figura 8.10 utilizamos seção reta quadrada. A seção reta mais adequada para reproduzir a situação experimental é a circular, já que em geral os fios possuem seção reta circular. Um circuito que reproduziria melhor a situação prática seria o circuito da figura 8.11.

Recentemente Moyssides realizou o cálculo com as forças de Ampère e Grassmann para um circuito análogo ao da figura 8.11.[14] Ele utilizou integração numérica com rotinas computacionais, ao invés de resolver analiticamente as integrais como fizemos. No entanto, o resultado que Moyssides obteve é equivalente ao nosso. Ou seja, dentro da validade do método numérico, a força de Ampère e a de Grassmann são equivalentes para o cálculo da força na ponte devida ao circuito todo. O resultado dele só difere do nosso em termos das constantes numéricas, já que a nossa seção reta é quadrada e a que ele utilizou é circular. Apesar disto ele também obteve que as expressões

[14] [Moy89b, Moy89a].

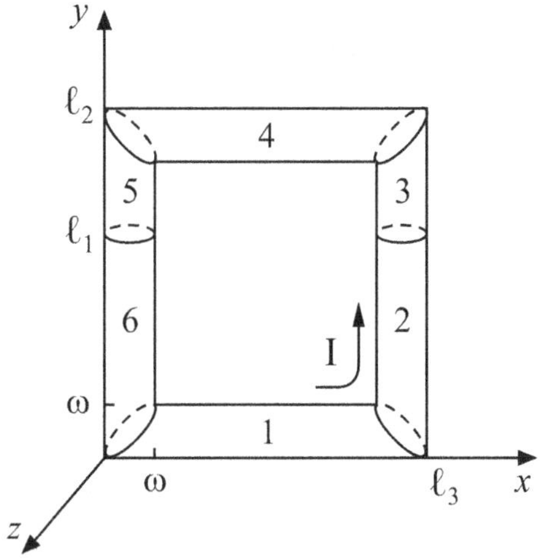


Figura 8.11: Circuito retangular com seção reta circular.

de Ampère e Grassmann fornecem o mesmo resultado para a força resultante na ponte.

Moyssides também realizou experiências com os circuitos que ele utilizou para os cálculos.[15] Ele obteve uma excelente concordância entre a previsão teórica e os resultados experimentais. Comentaremos um pouco mais estes resultados, comparando com os nossos, na Seção 10.1.

Discutimos agora o trabalho de Cavalleri e colaboradores.[16] Neste artigo eles mencionaram que uma comparação entre a teoria e a experiência não podia ser feita antes do advento dos computadores modernos. Mas a realidade não é bem esta. De fato, a integração sêxtupla, obtida teoricamente, pode ser feita analiticamente sem a utilização de computadores, como mostramos em 1996.[17] Neste artigo foram calculadas integrais quádruplas para correntes fluindo em duas dimensões, assim como foram calculadas integrais sêxtuplas para correntes fluindo ao longo da seção reta de condutores tridimensionais. Os cálculos foram feitos não apenas para a força de Grassmann, mas também para a força de Ampère. Estes cálculos mostraram que é incorreta esta afirmação de Cavalleri, como também mostramos neste Capítulo.

15[Moy89c].
16[CBTS98].
17[AB96].

Desde o século XIX era conhecido que a força de Ampère e a de Grassmann são equivalentes quando se calcula a força que um circuito fechado de corrente faz num condutor externo a ele. O que os resultados deste Capítulo parecem nos indicar é que esta equivalência também se estende para o caso da força que um circuito fechado de corrente faz numa parte finita dele próprio. No caso de elemento de corrente linear, a equivalência foi obtida com o circuito da figura 8.3. Com elemento de corrente superficial não obtivemos a equivalência para o circuito retangular da figura 8.4. O motivo, explicado na Subseção 8.2.4, é que, apesar deste circuito ser mecanicamente fechado, as linhas de corrente não o são. Portanto, temos um circuito aberto onde sabemos que, em geral, não há equivalência entre as expressões de força. Quando fechamos as linhas de corrente através do circuito da figura 8.5, obtivemos a igualdade entre as fórmulas de Ampère e de Grassmann para o valor da força na ponte devida ao circuito todo. Mais uma vez este resultado se repetiu com o circuito da figura 8.7, assim como também ocorreu quando utilizamos elemento de corrente volumétrico no circuito da figura 8.10.

Isto nos motiva a demonstrar que estas equivalências são apenas o reflexo de um resultado mais genérico: a equivalência entre a força de Ampère e a de Grassmann, para todos os circuitos fechados de forma arbitrária que possuem apenas linhas de corrente fechadas. Apresentamos esta demonstração no próximo Capítulo.

## 8.4 Solenoide com Corrente Poloidal

Antes de mostrar a equivalência completa entre as duas expressões, apresentamos aqui um cálculo exato mostrando que as forças de Ampère e de Grassmann dão um mesmo valor numa geometria específica.[18]

Consideramos uma casca cilíndrica de comprimento $\ell$ e raio $a$ na qual flui uma corrente total $I_t$ ao longo de sua superfície, na direção poloidal, figura 4.4. A densidade de corrente superficial é então dada por $\vec{K} = -(I_t/\ell)\hat{\phi}$, onde $\hat{\phi}$ é o vetor unitário em coordenadas cilíndricas ($\rho$, $\phi$, $z$). Queremos saber a força exercida por toda a casca cilíndrica ao atuar sobre uma faixa infinitesimal de comprimento $\ell$ e espessura $ad\phi$ localizada em $\rho = a$, quando $\phi = \pi/2$ e com $z$ variando de 0 a $\ell$. Como esta faixa foi escolhida sobre o eixo $y$, vem por simetria que a força está ao longo da direção $y$. Podemos obter a força integrando as expressões de Ampère e de Grassmann, equações (7.35)

---

[18] [BA98b].

e (7.37). Colocando $z = 0$ em uma das extremidades da casca cilíndrica da figura 4.4 conclui-se que as forças resultantes sobre a faixa de espessura $ad\phi$ de acordo com as expressões de Ampère e de Grassmann, representadas por $d\vec{F}^A$ e $d\vec{F}^G$, são dadas por, respectivamente:

$$d\vec{F}^A = \hat{y}\frac{\mu_o I_t^2 a^3 d\phi}{4\pi\ell^2}\int_0^\ell dz_1\int_0^\ell dz_2\int_0^{2\pi} d\phi_2\left(\frac{3a^2\cos^2\phi_2(1-\operatorname{sen}\phi_2)}{[(z_1-z_2)^2+2a^2(1-\operatorname{sen}\phi_2)]^{5/2}}\right.$$
$$\left.-\frac{2\operatorname{sen}\phi_2(1-\operatorname{sen}\phi_2)}{[(z_1-z_2)^2+2a^2(1-\operatorname{sen}\phi_2)]^{3/2}}\right), \qquad (8.58)$$

e

$$d\vec{F}^G = \hat{y}\frac{\mu_o I_t^2 a^3 d\phi}{4\pi\ell^2}\int_0^\ell dz_1\int_0^\ell dz_2\int_0^{2\pi} d\phi_2\frac{1-\operatorname{sen}\phi_2}{[(z_1-z_2)^2+2a^2(1-\operatorname{sen}\phi_2)]^{3/2}}. \qquad (8.59)$$

Ao resolver estas integrais obtemos o seguinte resultado exato:

$$d\vec{F}^A = d\vec{F}^G = \hat{y}\frac{\mu_o I_t^2 a d\phi}{\pi\ell^2}\left[(4a^2+\ell^2)^{1/2}E\left(\frac{2a}{(4a^2+\ell^2)^{1/2}}\right)-2a\right], \qquad (8.60)$$

onde $E$ é a integral elíptica completa do segundo tipo.[19]

Ou seja, obtemos uma igualdade perfeita entre as expressões de Ampère e de Grassmann, qualquer que seja o valor de $a/\ell$.

No limite em que $\ell \gg a$ vem da equação (8.60) que as forças de Ampère e de Grassmann são dadas por:

$$\hat{y}\frac{\mu_o I_t^2 a d\phi}{2\ell}\left[1-\frac{4a}{\pi\ell}+\left(\frac{a}{\ell}\right)^2-\frac{3}{4}\left(\frac{a}{\ell}\right)^4+O\left(\frac{a}{\ell}\right)^5\right]. \qquad (8.61)$$

Já quando $\ell \ll a$ vem da equação (8.60) que as forças de Ampère e de Grassmann são dadas por:

$$\hat{y}\frac{\mu_o I_t^2 d\phi}{4\pi}\left[\frac{1}{2}+3\ln 2-\ln\frac{\ell}{a}+\left(\frac{\ell}{a}\right)^2\left(\frac{3-12\ln 2+4\ln(\ell/a)}{128}\right)\right.$$
$$\left.-\left(\frac{\ell}{a}\right)^4\left(\frac{3-9\ln 2+3\ln(\ell/a)}{1024}\right)+O\left(\frac{\ell}{a}\right)^5\right]. \qquad (8.62)$$

[19] [GR94, págs. 907-908].

Este exemplo é importante por mostrar, num caso sem aproximações, equação (8.60), a equivalência exata entre as expressões de Ampère e de Grassmann.

# Capítulo 9

# Equivalência Completa

A prova de equivalência entre a força de Ampère e a força de Grassmann, para a interação de um circuito fechado com uma parte dele próprio, tem sido reivindicada por alguns autores nos últimos anos.[1] Neste Capítulo apresentaremos uma nova demonstração da equivalência, que elimina as dificuldades apontadas por outros autores[2] contra aquelas demonstrações. Desta maneira, esperamos dar uma resposta definitiva a esta controvérsia, como discutimos originalmente em 2000.[3]

## 9.1 Efeito *Bootstrap*

Em decorrência da força de Grassmann, em geral, não satisfazer o princípio de ação e reação entre elementos de corrente, pode se pensar que, para algum circuito fechado em particular, haja uma força não nula que o circuito exerce em si próprio. Isto é chamado de efeito *bootstrap*. Se este efeito realmente fosse possível, poderíamos construir naves espaciais que se locomoveriam através do espaço simplesmente com uma força gerada internamente ao sistema (e não baseada no par ação-reação no caso de naves com jato propulsão). Mas este não é o caso para circuitos fechados de corrente com a força de Grassmann. Ou seja, mostraremos que não há efeito *bootstrap* para a força de Grassmann quando tratamos com circuitos fechados.

Que não existe efeito *bootstrap* com a força de Ampère é óbvio, pois ela

[1] [Jol85], [Ter85a], [Chr87], [Chr88] e [Chr89].
[2] [Gra85b, Gra85c, Cor89, Pap90, Gra93].
[3] [AB00].

figura 8.3. Cabe ressaltar que o fato da força $F^G_{AA}$ ser diferente de zero em alguns casos já é um efeito *bootstrap*. O que demonstramos nesta Seção é que, apesar de haver efeito *bootstrap* para circuitos abertos com a força de Grassmann, o mesmo não ocorre quando consideramos circuitos fechados, como o da figura 9.1. A força de Ampère nunca apresenta efeito *bootstrap*, mesmo em circuitos abertos, o que é compatível não só com as evidências experimentais, mas também com a mecânica clássica. O caso de circuitos abertos, como por exemplo antenas, não é o objetivo deste trabalho. Mais informações podem ser encontradas na obra de Wesley.[5]

Apresentamos agora uma prova geométrico-indutiva da não-existência do efeito *bootstrap* para circuitos fechados de corrente com as forças de Grassmann e Ampère. Um circuito fechado genérico, como Γ na figura 9.1, pode ser aproximado por um número grande $N$ de retângulos, sendo que em cada pequeno retângulo flui uma corrente $I$ no mesmo sentido que a corrente flui no circuito Γ, como indicado na figura 9.2.

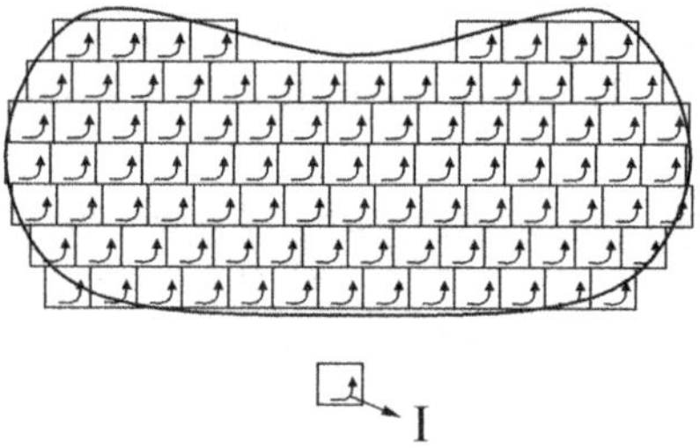


Figura 9.2: $N$ retângulos que aproximam o circuito fechado genérico Γ da figura 9.1.

Esta aproximação pode ser aprimorada, conforme o grau de precisão que se deseja, aumentando o número $N$ de retângulos e diminuindo consequentemente as suas áreas. No caso limite de $N$ tendendo a infinito, com a área dos retângulos tendendo a zero, reproduzimos o circuito original. Na Subseção 8.1.3, com o circuito retangular genérico da figura 8.3, provamos que a força resultante que este circuito faz nele próprio é zero, tanto com a expressão de Ampère como com a expressão de Grassmann. Por indução ou por somatório o mesmo vai valer para os $N$ retângulos com corrente da figura 9.2. Como o limite da figura 9.2 com $N$ muito grande é o circuito de forma arbitrária Γ

[5][Wes90b].

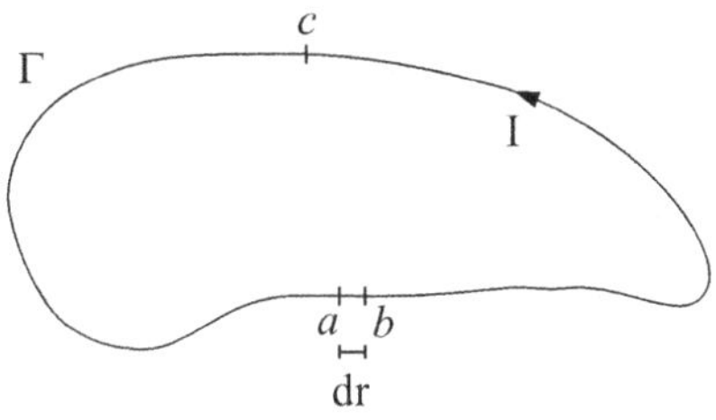


Figura 9.3: Circuito utilizado para a demonstração da equivalência entre as forças de Ampère e de Grassmann.

da figura 9.1, vemos que tanto por Ampère quanto por Grassmann a força resultante do circuito Γ nele mesmo vai ser nula. Ou seja, para circuitos fechados nenhuma destas forças prevê efeito *bootstrap*.

# 9.2 Demonstrações da Equivalência

Apresentamos nesta Seção três provas de que a força resultante agindo sobre um pedaço retilíneo de condutor, devida ao circuito fechado de forma arbitrário ao qual ele pertence, tem o mesmo valor com as expressões de Ampère e Grassmann. Além do mais, provaremos que a força resultante (sendo finita ou infinita) será sempre ortogonal ao pedaço retilíneo. Estes resultados foram apresentados originalmente em 2000.[6]

## 9.2.1 Primeira Demonstração

Utilizaremos na primeira demonstração um raciocínio geométrico-indutivo com um circuito linear ou filiforme. A generalização para circuitos bidimensionais ou tridimensionais pode ser estendida facilmente, por analogia. Considere novamente um circuito fechado genérico Γ, representado agora pela figura 9.3. Neste circuito circula uma corrente $I$. Queremos comparar as forças de Grassmann e Ampère exercidas no pedaço retilíneo $ab$, de comprimento $dr = |d\vec{r}|$, devidas ao restante do circuito $bca$.

Na figura 9.4 representamos um circuito quadrado $abefa$ de lado $3dr$ e um circuito Γ′, que é similar ao circuito Γ na maioria dos pontos, com exceção daqueles pontos próximos ao circuito quadrado. Há uma distância $d$ entre os

[6] [AB00].

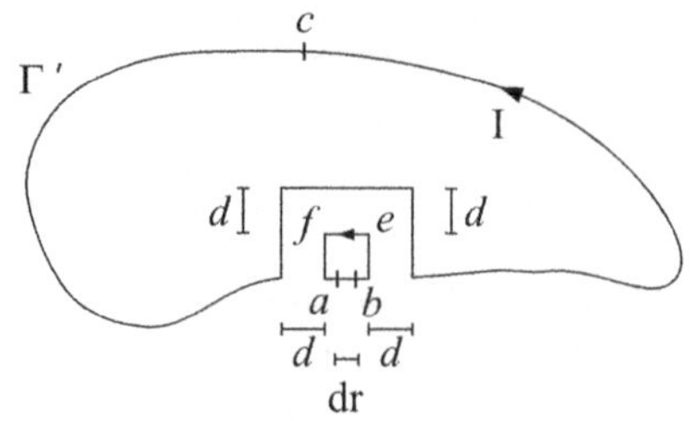


Figura 9.4: Circuitos utilizados para a demonstração da equivalência entre as forças de Ampère e de Grassmann.

lados do circuito quadrado $abefa$ e os lados retilíneos equivalentes do circuito $\Gamma'$.

Quando fazemos $d \to 0$, o conjunto composto pelo circuito quadrado e por $\Gamma'$ retorna a ser o circuito original $\Gamma$, como pode ser visto na figura 9.5. O sentido da corrente $I$ que circula nos circuitos está indicada na figura 9.4. A força no pedaço $ab$, de comprimento $dr$, é composta por duas parcelas, a saber, uma parcela devida ao circuito aberto $befa$, sendo a outra parcela devida ao circuito fechado externo $\Gamma'$. A força desta última parcela tem o mesmo valor com as expressões de Ampère e Grassmann, pois ele é um circuito fechado exercendo força num pedaço de condutor externo a ele, como mostramos na Seção 7.3. Já para a força que o circuito aberto $befa$ faz no pedaço $ab$, demonstramos na Subseção 8.1.3, com o circuito da figura 8.3, que ela também tem o mesmo valor para ambas as forças. Portanto, a força resultante no pedaço $ab$, na configuração da figura 9.4, tem o mesmo valor com as expressões de Ampère e Grassmann. Apesar da força resultante depender do valor da distância $d$, a equivalência entre as forças não depende deste valor, já que a expressão de Ampère dará o mesmo valor para a força resultante que a expressão de Grassmann, independente do valor da distância $d$. Assim, quando fizermos $d$ tender a zero, a força do circuito aberto $befa$ atuando em $ab$, mais a força do circuito fechado $\Gamma'$ atuando em $ab$, será equivalente à força do circuito aberto $bca$ atuando em $ab$, figura 9.3, como podemos ver na figura 9.5.

Sendo nula a força que o pedaço de condutor $ab$ exerce nele próprio tanto com a expressão de Ampère quanto com a expressão de Grassmann, fica demonstrado então o seguinte fato: *A força que um circuito fechado de corrente exerce num pedaço retilíneo de condutor pertencente a ele tem o mesmo valor*

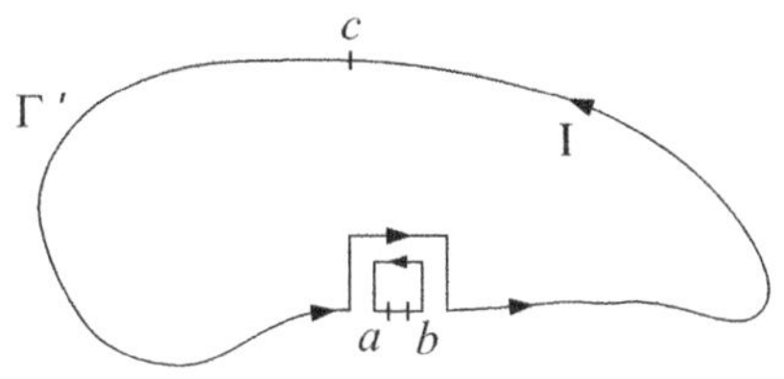


Figura 9.5: Circuitos utilizados para a demonstração da equivalência entre as forças de Ampère e de Grassmann.

*com as expressões de Ampère e Grassmann.* Como a força de Grassmann é sempre ortogonal ao elemento que sofre a força (ver primeira igualdade da equação (7.10)), o mesmo vale para a força de Ampère no caso de um circuito fechado de corrente. Ou seja, *a força exercida por um circuito fechado genérico* $\Gamma$ *de forma arbitrária, ao atuar num pedaço retilíneo qualquer de condutor pertencente ao próprio circuito, é sempre ortogonal a este pedaço, tanto com a expressão de Ampère quanto com a expressão de Grassmann.*

Estes resultados são peculiares. Por um lado a força de Grassmann incorpora a característica de satisfazer o princípio de ação e reação para um circuito fechado de forma arbitrária, o que já não acontece em geral para a força de Grassmann entre dois elementos de corrente. Por outro lado, a força de Ampère incorpora o caráter de não apresentar força longitudinal em circuitos fechados de forma arbitrária, o que acontece com a força de Ampère entre dois elementos de corrente paralelos e alinhados.

A demonstração que apresentamos aqui foi amplamente ilustrada com os resultados obtidos no Capítulo 8.

### 9.2.2 Segunda Demonstração

Apresentamos agora uma segunda prova da equivalência entre as forças de Ampère e de Grassmann. Consideramos agora o caso no qual a corrente flui sobre a superfície de um condutor (a prova para o caso da corrente fluindo sobre a seção reta de um circuito volumétrico pode ser feita por analogia).[7] Consideramos inicialmente uma casca cilíndrica de comprimento $\ell$ e raio $a$ por onde flui uma corrente poloidal total $I_t$ sobre sua superfície, como indicado na figura 4.4. A densidade de corrente superficial $\vec{K}$ é então dada por $\vec{K} = -I_t\hat{\phi}/\ell$. Caso a casca cilíndrica seja substituída por N espiras

[7] [BA97b].

de um solenoide, com uma corrente $I$ em cada espira, teríamos: $I_t = NI$. Escolhemos um sistema de coordenadas com eixo $z$ ao longo do eixo de simetria da casca cilíndrica, com centro no meio da casca.

Em primeiro lugar calculamos a força resultante exercida por todo o circuito sobre um elemento de corrente superficial pertencente a ele. Para simplificar os cálculos, consideramos o elemento de corrente sobre o qual vamos calcular a força localizado em $\vec{r} = a\hat{y} = a\hat{\rho} + (\pi/2)\hat{\phi}$, figura 9.6. Em coordenadas retangulares ele está localizado em $(x,\ y,\ z) = (0,\ a,\ 0)$, enquanto que em coordenadas cilíndricas ele está localizado em $(\rho,\ \phi,\ z) = (a,\ \pi/2,\ 0)$.

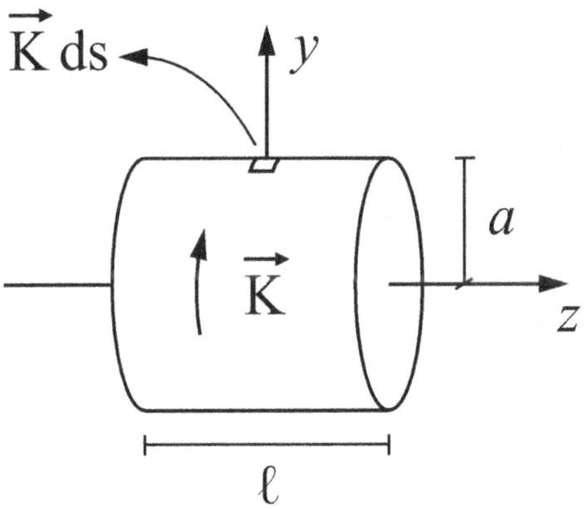


Figura 9.6: Elemento de corrente central $\vec{K}ds$ de área infinitesimal $ds$ de uma casca cilíndrica com densidade de corrente superficial poloidal, sobre o qual calculamos a força resultante.

Por simetria conclui-se que a força resultante atuando sobre este elemento de corrente tanto por Ampère quanto por Grassmann está ao longo do eixo $y$. Utilizando as equações (7.35) e (7.37) resulta que a força resultante atuando no elemento de corrente de acordo com Ampère e com Grassmann é dada por, respectivamente:

$$d^2\vec{F}^A = \hat{y}\frac{\mu_o I_t^2 a^2 ds}{4\pi\ell^2}\int_{-\ell/2}^{\ell/2} dz \int_0^{2\pi} d\phi \left(\frac{3a^2\cos^2\phi(1-\operatorname{sen}\phi)}{[z^2+2a^2(1-\operatorname{sen}\phi)]^{5/2}} - \frac{2\operatorname{sen}\phi(1-\operatorname{sen}\phi)}{[z^2+2a^2(1-\operatorname{sen}\phi)]^{3/2}}\right), \tag{9.8}$$

e

$$d^2\vec{F}^G = \hat{y}\frac{\mu_o I_t^2 a^2 ds}{4\pi\ell^2}\int_{-\ell/2}^{\ell/2} dz \int_0^{2\pi} d\phi \frac{1 - \operatorname{sen}\phi}{[z^2 + 2a^2(1 - \operatorname{sen}\phi)]^{3/2}} , \tag{9.9}$$

onde $ds$ é a área do elemento de corrente sobre o qual calculamos a força.

Resolvendo estas integrais obtemos como resultado final que tanto para Ampère quanto para Grassmann o resultado é o mesmo, a saber:

$$d^2\vec{F}^A = d^2\vec{F}^G = \hat{y}\frac{\mu_o I_t^2 ds}{2\pi\ell^2} K\left(\frac{4ia}{\ell}\right) , \tag{9.10}$$

onde $i = \sqrt{-1}$ e $K$ é a integral elíptica do primeiro tipo.[8]

É importante observar que este resultado é exato, válido para qualquer valor de $\ell/a$.

Agora começamos a generalizar este resultado. Em primeiro lugar mostramos que a força resultante sobre um elemento de corrente localizado em qualquer lugar de uma casca cilíndrica de comprimento $\ell$ e raio $a$ na qual flui uma corrente poloidal ao longo de sua superfície vai ser o mesmo para Ampère e para Grassmann. O elemento de corrente sobre o qual calculamos a força não precisa mais estar localizado simetricamente em relação às extremidades da casca cilíndrica podendo estar, por exemplo, mais próximo da tampa esquerda do que da tampa direita. Para fazer esta demonstração consideramos um elemento de corrente desta casca cilíndrica a uma distância $d$ de uma das extremidades. Dividimos a casca cilíndrica em duas partes, uma de comprimento $2d$ centrada no elemento de corrente, e outra de comprimento $\ell - 2d$. A força da primeira parte no elemento de corrente é dada tanto por Ampère quanto por Grassmann pela equação (9.10) com $2d$ ao invés de $\ell$, apontando radialmente para fora. A força da segunda parte vai ter o mesmo valor tanto por Ampère quanto por Grassmann (já que esta segunda parte é um circuito fechado atuando num elemento de corrente de um outro circuito) e também vai ser normal ao elemento de corrente (já que a força de Grassmann tem sempre esta propriedade). Logo, a força resultante atuando neste elemento de corrente vai ter o mesmo valor tanto por Ampère quanto por Grassmann, embora o valor desta força resultante não seja mais dado pela equação (9.10).

Agora generalizamos de forma completa este resultado mostrando que a força resultante atuando num elemento de corrente qualquer pertencendo a um circuito fechado bidimensional com forma arbitrária por onde flui uma

[8][GR94, págs. 907-908].

corrente superficial também vai ter sempre o mesmo valor tanto por Ampère quanto por Grassmann. Além do mais, esta força vai ser sempre ortogonal ao elemento de corrente. Para provar isto consideramos o circuito fechado genérico $\Gamma$ da figura 9.7 por onde flui a corrente $I$ ao longo de sua superfície.

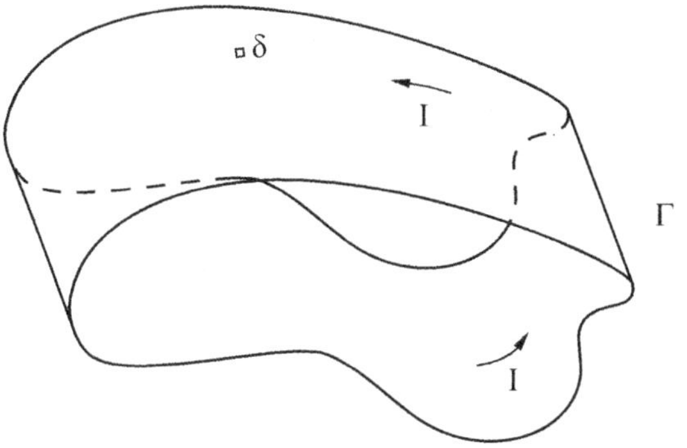


Figura 9.7: Circuito fechado no qual flui uma corrente superficial, com um elemento de corrente $\delta$.

Queremos comparar as forças de Ampère e de Grassmann exercidas sobre o elemento de corrente $\delta$ com área $ds$. O raio de curvatura da corrente na localização de $\delta$ é representado por $a$. Como a força exercida pelo elemento de corrente $\delta$ sobre ele mesmo é nula por ambas as expressões, apenas precisamos calcular a força exercida pelo restante do circuito sobre ele. Na figura 9.8 representamos uma casca cilíndrica $\Gamma_1$ de comprimento $\ell$ e raio $a$, e um circuito $\Gamma_2$. Este circuito $\Gamma_2$ é similar ao circuito $\Gamma$ em todos os pontos, exceto naqueles pontos próximos à casca cilíndrica $\Gamma_1$. Há uma distância uniforme $d$ entre a casca cilíndrica $\Gamma_1$ e a casca cilíndrica equivalente pertencente ao circuito $\Gamma_2$ e que está próxima da casca cilíndrica $\Gamma_1$.

Quando $d \to 0$ temos $\Gamma_1 + \Gamma_2 \to \Gamma$. Isto é, $\Gamma_1$ mais $\Gamma_2$ se reduzem a $\Gamma$, figura 9.9. A direção do fluxo de corrente em cada circuito está representada na figura 9.8.

Agora vamos à prova de que a força resultante atuando em $\delta$ da figura 9.7 é a mesma por Ampère e por Grassmann. A força resultante sobre $\delta$ da figura 9.8 pode ser dividida em duas partes. A primeira parte é devida ao circuito $\Gamma_1$ e a segunda parte é devida ao circuito $\Gamma_2$. A força exercida por $\Gamma_2$ sobre $\delta$ tem o mesmo valor pelas expressões de Ampère e de Grassmann, já que temos um circuito fechado atuando sobre um elemento de corrente externo a

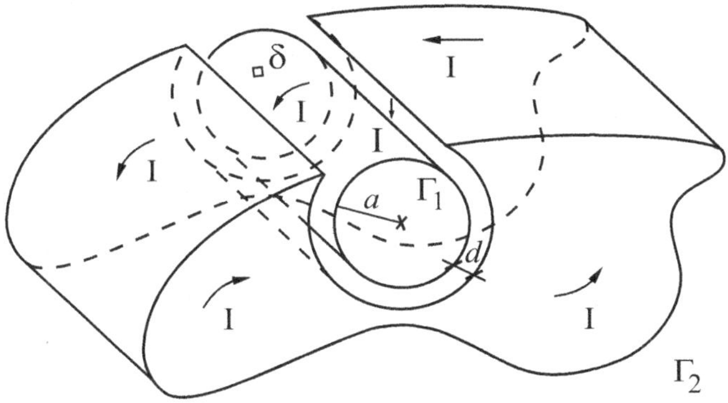


Figura 9.8: Circuito $\Gamma_1$ cilíndrico, com raio de curvatura $a$, e circuito $\Gamma_2$ similar na maioria dos pontos ao circuito $\Gamma$.

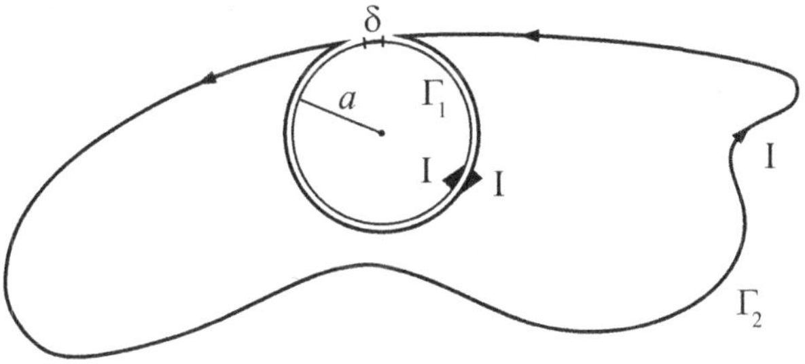


Figura 9.9: Circuitos $\Gamma_1$ e $\Gamma_2$ quando a distância entre eles tende a zero, $d \to 0$.

ele. Já a força exercida pelo circuito $\Gamma_1$ sobre $\delta$ também tem o mesmo valor por Ampère e por Grassmann, como mostramos nesta Seção. Isto significa que a força resultante sobre $\delta$ da figura 9.8 tem o mesmo valor por Ampère e por Grassmann. Embora o valor desta força resultante dependa da distância $d$, o fato de que a força resultante vai ter o mesmo valor por Ampère e por Grassmann não depende desta distância $d$ (isto é, $d^2\vec{F}^A_{\Gamma\ em\ \delta} = d^2\vec{F}^G_{\Gamma\ em\ \delta} = \vec{f}(d)$). Mas quando $d \to 0$, a força exercida por $\Gamma_1$ sobre $\delta$ mais a força exercida por $\Gamma_2$ sobre $\delta$ tendem à força exercida por $\Gamma$ sobre $\delta$, como pode ser visto na figura 9.9. Provamos então que a força exercida por um circuito fechado de forma arbitrária sobre um elemento de corrente pertencendo a ele tem o mesmo valor por Ampère e por Grassmann. Como a força de

Grassmann é sempre ortogonal ao elemento que sofre a força, o mesmo vai valer para Ampère no caso de correntes fechadas.

### 9.2.3 Terceira Demonstração

Apresentamos agora uma terceira prova da equivalência entre as forças de Ampère e de Grassmann no caso de um circuito único. Novamente voltamos a tratar com um circuito filiforme. Nossa demonstração é baseada na prova de Tricker da equivalência entre Ampère e Grassmann no caso da força resultante exercida por um circuito fechado ao atuar sobre um elemento de corrente de um outro circuito, Seção 7.3. A força de Ampère exercida por um elemento $I_j d\vec{\ell}_j$ localizado em $\vec{r}_j$ ao atuar sobre um elemento $I_i d\vec{\ell}_i$ localizado na origem e direcionado ao longo do eixo $z$ foi apresentada na equação (7.29). Até aqui não foi feita nenhuma consideração quanto a estes dois elementos de corrente pertencerem ou não a circuitos distintos. Podemos então considerá-los como pertencendo ao mesmo circuito, como representado na figura 9.10.

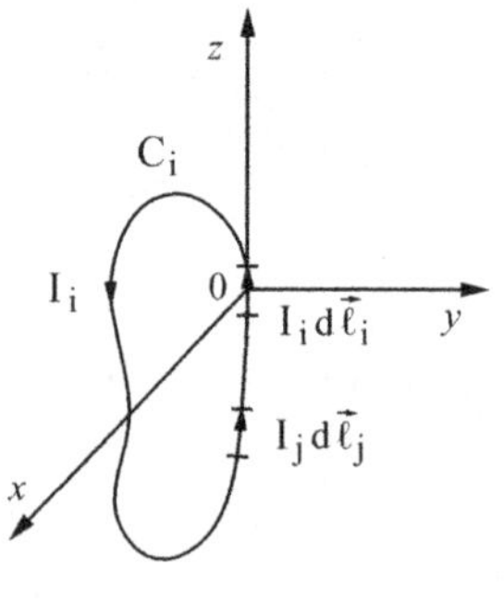


Figura 9.10: Queremos calcular a força do circuito $C_i$ sobre o elemento de corrente $I_i d\vec{\ell}_i$ pertencente ao próprio circuito.

O componente $z$ desta força é dado pela equação (7.30). O elemento $I_i d\vec{\ell}_i$ foi considerado como estando localizado na origem e tendo um comprimento $dz_i$, com a corrente fluindo ao longo do eixo $z$. Conclui-se então que suas extremidades estão localizadas em $(x,\ y,\ z) = (0,\ 0,\ d\ell_i/2)$ e $(x,\ y,\ z) = (0,\ ,0,\ -d\ell_i/2)$. Integrando a equação (7.30) entre estes limites obtém-se (utilizando a integral principal de Cauchy) novamente um resultado nulo já que o resultado da integração é uma função par de $z$. Isto é, não há componentes longitudinais com a força de Ampère quando calculamos a força resultante sobre um elemento de corrente devida a todo o restante do circuito fechado.

O componente $x$ da força de Ampère é dado pela equação (7.31). Integrando a força entre os limites do parágrafo anterior resulta que o primeiro termo se anula, já que o resultado da integração é proporcional a $x$, sendo que nos dois limites de integração temos $x = 0$. Já o segundo termo da equação (7.31) é exatamente o componente $x$ da força de Grassmann dado pela equação (7.33). Isto significa que o componente $x$ integrado da força de Ampère vai ter exatamente o mesmo valor que o componente $x$ integrado da força de Grassmann. Por analogia, o mesmo vai valer para o componente $y$ destas duas forças.

Ou seja, fazendo uma adaptação da prova de Tricker, conseguimos mostrar algebricamente que a força resultante sobre um elemento de corrente retilíneo devida ao restante do próprio circuito fechado ao qual pertence o elemento de corrente tem exatamente o mesmo valor por Ampère e por Grassmann, sendo ainda sempre perpendicular ao elemento. Esta prova é válida para um circuito fechado de forma arbitrária.

# Capítulo 10

# Tópicos Finais

Neste último Capítulo trataremos de alguns outros tópicos relacionados com as forças de Ampère e de Grassmann como, por exemplo, a comparação dos nossos resultados com os valores experimentais. Também discutiremos a relação entre força e indutância. Por último analisaremos a existência de força longitudinal em condutores utilizando a força de Weber entre cargas elétricas.

## 10.1 Comparação com Valores Experimentais

Selecionamos dois artigos experimentais recentes para poder comparar os nossos resultados teóricos com os valores experimentais.

Peoglos[1] realizou experimentos com dois dos circuitos que analisamos no Capítulo 9. O primeiro experimento está relacionado com o circuito retangular da figura 8.3, apresentado na Subseção 8.1.3. Neste caso, a ponte é formada apenas pelo fio retilíneo localizado em um dos lados do retângulo. Neste experimento Peoglos utilizou um circuito quadrado com as seguintes dimensões (utilizando a nomenclatura da figura 8.3): $a = 2$ cm; $b = 8$ cm; $c = d = e = f = 10$ cm; sendo o fio de cobre com diâmetro de $1,2$ mm. Utilizando uma balança de torção Peoglos mediu a força na ponte para dez valores de corrente, variando de $0,2$ até $2,0$ A. O gráfico da força medida na ponte em newtons, pela corrente ao quadrado no circuito em ampères, $F$ em função de $I^2$, está apresentado na figura 5 do seu artigo. Nela podemos ver que os dez pontos experimentais medidos estão distribuídos ao longo de uma

[1] [Peo88].

reta cuja equação é: $F = 3,0513 \times 10^{-7} I^2$. Este é exatamente o valor que encontramos ao substituir as dimensões do circuito quadrado utilizado no experimento de Peoglos no nosso resultado teórico representado pela equação (8.14). Com seus valores da corrente elétrica, a força medida variou entre $0,5 \times 10^{-7}$ e $6 \times 10^{-7}$ N.

O segundo circuito que Peoglos utilizou nos seus experimentos está representado na figura 8.10. Os valores utilizados por ele, com a nomenclatura da nossa figura, são: $\ell_1 = 7,5$ cm; $\ell_2 = \ell_3 = 10$ cm; sendo o fio de cobre com diâmetro $d = 1,2$ mm. No nosso caso utilizamos uma seção reta quadrada para fazer os cálculos. Para comparar os nossos resultados teóricos com os valores experimentais, vamos atribuir um valor para $\omega$ (figura 8.10) de tal forma que a área da seção reta circular utilizada no experimento tenha o mesmo valor que a área da seção reta quadrada utilizada nos nossos cálculos: $\pi d^2/4 = \omega^2$. Assim sendo, achamos que $\omega \approx 1,1$ mm. O gráfico da força medida na ponte em newtons, pela corrente ao quadrado no circuito em ampères, é apresentado na figura 6 do artigo de Peoglos.[2] Podemos ver que os pontos experimentais obtidos por Peoglos se distribuem ao longo da reta de equação: $F = 11,2 \times 10^{-7} I^2$. Substituindo os valores acima na equação (8.48) achamos: $F = 11,1 \times 10^{-7} I^2$. Novamente, há uma ótima concordância entre os valores experimentais medidos por Peoglos e os nossos cálculos teóricos.

O segundo artigo que utilizamos para comparar com os nossos resultados teóricos é o trabalho de Moyssides.[3] Ele também realizou experimentos com um circuito análogo ao circuito da figura 8.10. As dimensões do seu circuito, com a nomenclatura da nossa figura, são: $\ell_2 = 123,7$ cm; $\ell_3 = 48,0$ cm; sendo os fios de cobre com diâmetro de 2 e 3 mm. Ele utilizou corrente contínua com valores entre 35 e 140 A. Apresentou resultados de forças entre $10^{-3}$ e $10^{-2}$ N medidas com balança de torção. No seu artigo Moyssides não diz qual o valor que ele utilizou para $\ell_1$. Isto não importa, pois a força na ponte devida ao circuito todo independe deste valor, como mostramos no Capítulo 9. Igualando a área da seção reta circular utilizada no experimento com a área da seção reta quadrada utilizada nos nossos cálculos, encontramos: $\omega = 1,77$ mm para o fio de diâmetro de 2 mm, enquanto que $\omega = 2,66$ mm para o fio de 3 mm de diâmetro. Com estes valores os nossos resultados para a relação da força, $F$, em função da corrente ao quadrado, $I^2$, podem ser

---

[2] [Peo88].
[3] [Moy89c].

expressos das seguintes maneiras: $F = 12,890 \times 10^{-7} I^2$ com diâmetro de 2 mm e $F = 12,075 \times 10^{-7} I^2$ com diâmetro de 3 mm. Os valores experimentais encontrados por Moyssides para os fios de 2 e 3 mm de diâmetro foram, respectivamente: $F = 12,873 \times 10^{-7} I^2$ e $F = 12,298 \times 10^{-7} I^2$.

Mostramos assim que o nosso método analítico de calcular a força com as expressões de Ampère e Grassmann (apresentado no Capítulo 8) conduz a excelentes predições teóricas, confirmadas pelos experimentos citados neste Capítulo.

## 10.2 Força e Indutância

Uma maneira para se calcular a força entre condutores metálicos, evitando o cálculo direto com as expressões de força, é a utilização do coeficiente de indutância. Quando temos dois circuitos fechados distintos é fácil demonstrar que a força entre os circuitos será o gradiente de uma função que contém o coeficiente de indutância mútua entre os circuitos. Para uma demonstração deste fato ver nosso trabalho de 1994.[4] Como exemplo, calculamos a força entre os circuitos circulares da figura 2.1 no Capítulo 2, derivando-a da indutância mútua entre eles.

A mesma relação já não é tão clara entre o coeficiente de auto-indutância de um circuito fechado e a força que este circuito exerce numa parte dele mesmo. No entanto, alguns autores[5] utilizam uma relação entre auto-indutância e força, análoga à relação existente entre indutância mútua e força entre circuitos fechados distintos, para calcular a força em determinadas geometrias de circuito fechado único. A vantagem de se utilizar este procedimento nestas geometrias específicas é que, além de ser trabalhoso o cálculo da força resultante através da integração da força entre elementos de corrente, já existem expressões do coeficiente de auto-indutância calculadas em diversos manuais. Exemplos deste procedimento já foram discutidos em alguns trabalhos.[6]

Apesar de acharmos que este procedimento para calcular a força entre partes de um mesmo circuito fechado através do coeficiente de auto-indutância necessita de uma demonstração, é evidente que ele conduz a resultados corretos. Uma prova deste fato podemos obter comparando as expressões que

---

[4] [Ass94, págs. 98–102].

[5] Como, por exemplo, [Gro46, Kno49].

[6] Por exemplo: [Gro46, Capítulo 23], [Gra85a, págs. 204–214] ou [Peo88].

calculamos para o coeficiente de auto-indutância no Capítulo 5 com a força calculada no Capítulo 8.

Como primeiro exemplo utilizamos o resultado da auto-indutância para o circuito da figura 5.7, equação (5.11), e a força na ponte do circuito da figura 8.5, dada pela equação (8.26). Derivando a expressão (5.11) com relação a $\ell_2$ e multiplicando o resultado por $I^2/2$, obtemos exatamente a expressão (8.26). O segundo exemplo é com os circuitos volumétricos das figuras 5.10 e 8.10. A auto-indutância do primeiro circuito é dada pela equação (5.19). Derivando esta expressão com relação a $\ell_2$ e multiplicando o resultado por $I^2/2$, encontramos exatamente a força na ponte de Ampère do segundo circuito, dada pela equação (8.48). Como terceiro exemplo,[7] citamos a casca cilíndrica com corrente superficial na direção poloidal, figura 4.4. A auto-indutância $L$ deste circuito é dada de forma exata pela equação (4.6). Podemos obter a força resultante atuando numa faixa de comprimento $\ell$ e espessura $ad\phi$ que está sobre o eixo $y$ calculando a seguinte derivada:[8]

$$d\vec{F} = \hat{y}\frac{I_t^2 d\phi}{4\pi}\frac{dL}{da} . \qquad (10.1)$$

Utilizando esta expressão com a auto-indutância $L$ dada pela equação (4.6), obtemos exatamente a equação (8.60), valor este que havia sido obtido independentemente integrando diretamente as forças de Ampère e de Grassmann. Deve-se observar que estes resultados, equações (4.6) e (8.60), são exatos, não tendo sido feita nenhuma aproximação para se chegar neles.

Por outro lado, Wesley considera que o método não funciona sempre, como observou ao criticar o trabalho de Peoglos.[9] Por exemplo, no caso do circuito retangular da figura 8.3, a força na ponte é dada pela equação (8.14). Já o coeficiente de auto-indutância deste circuito é dado pela equação (5.11). Derivando esta expressão em relação à altura do circuito, não se obtém a equação (8.14). Concluímos então que é necessário muito cuidado ao utilizar este método, pois ainda não se sabe exatamente em que condições ele pode ser aplicado (ou como aplicá-lo corretamente para que ele dê sempre os resultados almejados).

Por último, vamos comentar um fato interessante a respeito da dedução das expressões de força.

---

[7] [BA98b].

[8] [Tri65, pág. 108].

[9] [Wes89].

A força de Weber dada pela equação (7.3) pode ser deduzida da energia potencial de Weber (3.7) ou da energia potencial lagrangiana de Weber.[10] A força de Liénard-Schawrzchild dada pela equação (7.16), que é equivalente à força de Lorentz para duas cargas com movimentos arbitrários, pode ser deduzida da lagrangiana de Darwin, como vimos na Subseção 7.2.1. O procedimento análogo para a força entre elementos de corrente, tanto a expressão de Ampère dada pela equação (7.1) quanto a expressão de Grassmann dada pela equação (7.10), seria derivá-la a partir de uma energia entre elementos de corrente. No caso da força de Ampère, ela deveria ser deduzida da energia entre elementos de corrente de Weber dada pela equação (3.14). No caso da força de Grassmann, ela deveria ser deduzida da energia entre elementos de corrente de Maxwell dada pela equação (3.30). Não foi este o procedimento que adotamos. E quem resolver seguir este caminho, intuitivo, vai descobrir que a partir das energias entre elementos de corrente de Weber e Maxwell não são derivadas, respectivamente, as forças de Ampère e Grassmann. O que está errado com este procedimento?

O que está errado é querer derivar a força entre elementos de corrente diretamente da energia entre elementos de corrente, da mesma forma que se deriva a força entre cargas pontuais da energia de interação entre tais cargas. No caso de elementos de corrente este processo não é mais válido por causa da aproximação que se considera para um elemento de corrente. Por exemplo, quando derivamos a energia de Weber entre elementos de corrente da energia de Weber entre cargas, fazemos a aproximação que a distância entre as cargas dentro de um elemento de corrente é desprezível comparada com a distância $r$ entre os elementos de corrente, como discutimos na Subseção 3.4.2. Assim, não podemos esperar que, através de um processo que envolve a derivada da energia entre elementos de corrente com relação à distância $r$, obtenhamos exatamente a força de Ampère. O mesmo raciocínio se aplica para a força de Grassmann e a energia entre elementos de corrente de Maxwell.

## 10.3 Força Longitudinal

A força entre elementos de corrente colineares é nula quando calculada com a expressão de Grassmann (figura 8.2). Já com a força de Ampère, existe uma força longitudinal entre os elementos de corrente (figura 8.1). Este

[10] [Bue94].

comportamento da força de Ampère para elementos de corrente tem sido utilizado como argumento para explicar a existência de forças longitudinais em circuitos metálicos. Há diversos experimentos que comprovam a existência desta força longitudinal em circuitos fechados de corrente. Podemos citar como exemplo: a propulsão a jato em líquidos;[11] os aceleradores de projéteis (*railgun accelerators*);[12] o fenômeno de explosão de fios;[13] e as explosões eletrodinâmicas em líquidos.[14] Embora aceitemos a evidência experimental sobre a existência de forças longitudinais, não aceitamos as explicações dadas a estes fatos experimentais que utilizam a força longitudinal de Ampère entre elementos de corrente como a responsável pela existência destas forças longitudinais em circuitos fechados.[15] O motivo para nossa não aceitação desta explicação envolve aquilo que demonstramos em nossos artigos e neste livro, a saber:

> A força de Ampère atuando sobre um elemento de corrente e sendo devida a um circuito fechado tem o mesmo valor que a força calculada pela expressão de Grassmann, como demonstramos no Capítulo 9. O elemento de corrente sobre o qual se calcula a força pode pertencer ou não pertencer a este circuito fechado de forma arbitrária. Como a força de Grassmann é sempre perpendicular ao elemento que sofre a força, o mesmo vale para a força de Ampère. Portanto, a força resultante longitudinal em qualquer pedaço de um condutor retilíneo de um circuito fechado de corrente é nula, para ambas as forças, não importando a forma do circuito.

Como estas experiências envolvem circuitos fechados, a força longitudinal indicada por estas experiências não é devida à força de Ampère. Portanto, não podemos afirmar que a força de Ampère explica aqueles fatos experimentais. Ou seja, nossa conclusão é que assim como a força de Grassmann não pode explicar as forças longitudinais, o mesmo vai ocorrer com a força de Ampère.

Alguns autores têm um ponto de vista diferente do nosso.[16]

---

[11] [Gra82b].
[12] [Gra86, Gra85a, Gra82a, Gra87c, Gra87b].
[13] [Gra83, Gra84, Gra85c, Gra87a, Nas85, Asp87].
[14] [GG85, Aze86, Asp86, Gra00].
[15] [Gra85a].
[16] [Phi93], [Phi96], [Phi97], [PG98] e [Phi99].

A demonstração de que também a força de Ampère não pode explicar os experimentos com força longitudinal deixa uma lacuna aberta na eletrodinâmica, a saber, a procura por uma explicação teórica para os experimentos citados nesta Seção que provam a existência de forças longitudinais.

Dentro do contexto que apresentamos neste trabalho, a força de Ampère é deduzida da força de Weber. Uma primeira tentativa natural é aplicar a própria força de Weber para explicar a existência de tais forças longitudinais. Não é nosso objetivo aqui abordar este assunto por completo. Vamos apenas iniciar uma linha de pesquisa. Os principais resultados desta Seção foram publicados em 1995.[17]

A explosão de fios é um dos principais experimentos mostrando a existência de forças longitudinais em circuitos elétricos. Devido a este fato, decidimos analisar este problema com a eletrodinâmica de Weber. Assim, calcularemos a força longitudinal que atua na rede cristalina positiva de uma parte assimétrica de um circuito retangular. A geometria do circuito analisado é apresentada na figura 10.1. Temos um circuito retangular dividido nas partes 1, 2, ..., 8. Chamamos de ponte ao pedaço 8 e de suporte aos pedaços de 1 até 7. Há uma corrente constante $I$ fluindo no circuito.

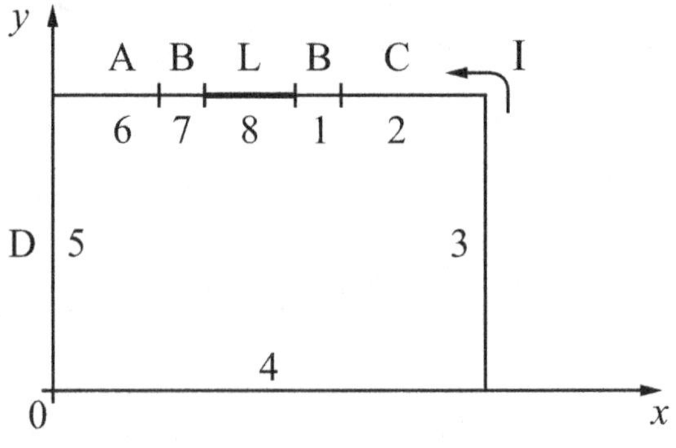


Figura 10.1: Circuito retangular utilizado para estudar a existência de força longitudinal nos condutores utilizando a força de Weber entre cargas elétricas.

Vamos utilizar um modelo simplificado de condutor metálico para facilitar estes primeiros cálculos. Supomos que o fio é constituído de uma rede cristalina positiva, fixa em relação ao laboratório, sendo constituído ainda de elétrons que se movem em relação à rede, resultando uma corrente elétrica $I$.

[17][AB95].

Calcularemos a força longitudinal na rede da ponte quando ela não está simetricamente localizada no circuito, ou seja, quando $A \neq C$, sendo as distâncias $A$ e $C$ indicadas na figura 10.1. Esta força que vamos calcular é devida à rede e aos elétrons do circuito todo. Os pedaços 1 e 7 têm o mesmo tamanho $B$. Assim, por simetria, não precisamos calcular a força que eles fazem na ponte, já que $\vec{F}_{18}^W + \vec{F}_{78}^W = \vec{0}$. Evitamos assim calcular a força entre elementos em contato.

Substituímos na expressão da força de Weber, equação (7.3), as cargas $q_i$ e $q_j$ pela carga contida no comprimento $dr$, dada por $\lambda dr$, onde $\lambda$ é a densidade linear de cargas no fio. Supondo o fio neutro temos $\lambda_+ = -\lambda_- \equiv \lambda$, com os sinais $+$ e $-$ indicando, respectivamente, as cargas positivas e negativas em todos os pedaços. Esta hipótese faz com que possamos desprezar a parte coulombiana da força de Weber. Como estamos utilizando corrente constante e fios retos, conclui-se que a aceleração é nula para todas as cargas (desprezando os cantos do circuito).

Vamos calcular a força das cargas do pedaço 2 nas cargas da ponte representada pelo pedaço 8. Só nos interessa aqui o componente longitudinal paralelo ao eixo $x$. Com $dq_i = \lambda_i dx_i$, $\vec{r}_i = x_i\hat{x} + D\hat{y}$ e $\dot{\vec{r}}_i = v_i\hat{x}$, para $i = 2, 8$, substituído no componente $x$ da equação (7.3) e integrando para os comprimentos dos pedaços 2 e 8 da figura 10.1, obtemos:

$$
\begin{aligned}
F_{28}^x &= \frac{\lambda_2\lambda_8}{4\pi\epsilon_0}\frac{(v_8 - v_2)^2}{2c^2}\int_{A+B}^{A+B+L} dx_8 \int_{A+2B+L}^{A+2B+C+L} dx_2 \frac{1}{(x_2 - x_8)^2} \\
&= -\frac{\lambda_2\lambda_8}{4\pi\epsilon_0}\frac{(v_8 - v_2)^2}{2c^2}\left[\ln\left(\frac{B+C+L}{B+C}\right) - \ln\left(\frac{B+L}{B}\right)\right] . \qquad (10.2)
\end{aligned}
$$

Para $\lambda_8 = \lambda_+$ e $v_8 = 0$ temos os íons positivos da ponte. Com $\lambda_8 = \lambda_-$ e $v_8 = V_d$ temos os elétrons livres deslocando-se com a velocidade de arraste ou de *deslocamento* em relação ao fio representada por $V_d$. O mesmo vale para todos os outros pedaços.

Podemos calcular da mesma forma a força exercida pelas cargas do pedaço 3 nas cargas da ponte representada pelo pedaço 8. Com $dq_3 = \lambda_3 dy_3$, $\vec{r}_3 = (A + 2B + C + L)\hat{x} + y_3\hat{y}$ e $\dot{\vec{r}}_3 = v_3\hat{y}$, obtemos:

$$
F_{38}^x = \frac{\lambda_3\lambda_8}{4\pi\epsilon_0}\int_{A+B}^{A+B+L} dx_8 \int_0^D dy_3 \left[\left(\frac{v_8^2 + v_3^2}{c^2}\right)\frac{x_8 - (A+2B+C+L)}{r_{83}^3}\right.
$$

$$
\begin{aligned}
& - \frac{3v_8^2}{2c^2}\frac{[x_8-(A+2B+C+L)]^3}{r_{83}^5} \\
& - \frac{3v_3^2}{2c^2}\frac{[x_8-(A+2B+C+L)](D-y_3)^2}{r_{83}^5} \\
& + \frac{3v_8v_3}{c^2}\frac{[x_8-(A+2B+C+L)]^2(D-y_3)}{r_{83}^5}\Bigg] \\
= \; & \frac{\lambda_8\lambda_3}{4\pi\epsilon_0}\Bigg[\frac{v_3^2}{2c^2}\left(\ln\left(\frac{\sqrt{(B+C+L)^2+D^2}+D}{B+C+L}\right)\right. \\
& \left. - \ln\left(\frac{\sqrt{(B+C)^2+D^2}+D}{B+C}\right)\right) \\
& + \frac{v_8^2-v_3^2}{2c^2}\left(\frac{D}{\sqrt{(B+C)^2+D^2}}-\frac{D}{\sqrt{(B+C+L)^2+D^2}}\right) \\
& + \frac{v_8v_3}{c^2}\left(\ln\left(\frac{B+C+L}{B+C}\right)-\frac{B+C}{\sqrt{(B+C)^2+D^2}}\right. \\
& - \ln\left(\frac{\sqrt{(B+C)^2+D^2}-(B+C)}{\sqrt{(B+C+L)^2+D^2}-(B+C+L)}\right) \\
& \left. + \frac{B+C+L}{\sqrt{(B+C+L)^2+D^2}}\right)\Bigg], \qquad (10.3)
\end{aligned}
$$

onde $r_{83} = \sqrt{[x_8-(A+2B+C+L)]^2+(D-y_3)^2}$.

Procedendo de maneira análoga à descrita para se obter $F_{28}^x$ e $F_{38}^x$, obtemos que as forças das cargas dos pedaços 4, 5 e 6 ao atuarem nas cargas da ponte representada pelo pedaço 8 são dadas por:

$$
\begin{aligned}
F_{48}^x = \; & \frac{\lambda_8\lambda_4}{4\pi\epsilon_0}\Bigg[\frac{(v_8-v_4)^2}{2c^2}\left(\ln\left(\frac{\sqrt{(A+B)^2+D^2}+(A+P)}{\sqrt{(B+C+L)^2+D^2}-(B+C+L)}\right)\right. \\
& \left. - \ln\left(\frac{\sqrt{(A+B+L)^2+D^2}+(A+B+L)}{\sqrt{(B+C)^2+D^2}-(B+C)}\right)\right) \\
& - \frac{(v_8-v_4)^2}{2c^2}\left(\frac{A+B+L}{\sqrt{(A+B+L)^2+D^2}}+\frac{B+C}{\sqrt{(B+C)^2+D^2}}\right.
\end{aligned}
$$

$$- \frac{A+B}{\sqrt{(A+B)^2+D^2}} - \frac{B+C+L}{\sqrt{(B+C+L)^2+D^2}}\Bigg)\Bigg] , \qquad (10.4)$$

$$\begin{aligned} F_{58}^x &= \frac{\lambda_8\lambda_5}{4\pi\epsilon_0}\Bigg[\frac{v_5^2}{2c^2}\Bigg(\ln\Bigg(\frac{\sqrt{(A+B)^2+D^2}+D}{A+B}\Bigg) \\ &- \ln\Bigg(\frac{\sqrt{(A+B+L)^2+D^2}+D}{A+B+L}\Bigg)\Bigg) \\ &+ \frac{v_8^2-v_5^2}{2c^2}\Bigg(\frac{D}{\sqrt{(A+B+L)^2+D^2}} - \frac{D}{\sqrt{(A+B)^2+D^2}}\Bigg) \\ &- \frac{v_8v_5}{c^2}\Bigg(\frac{A+B}{\sqrt{(A+B)^2+D^2}} - \frac{A+B+L}{\sqrt{(A+B+L)^2+D^2}} \\ &+ \ln\Bigg(\frac{\sqrt{(A+B+L)^2+D^2}+(A+B+L)}{\sqrt{(A+B)^2+D^2}+(A+B)}\Bigg) \\ &- \ln\Bigg(\frac{A+B+L}{A+B}\Bigg)\Bigg)\Bigg] , \end{aligned} \qquad (10.5)$$

$$F_{68}^x = -\frac{\lambda_8\lambda_6}{4\pi\epsilon_0}\frac{(v_8-v_6)^2}{2c^2}\left[\ln\left(\frac{B+L}{B}\right) - \ln\left(\frac{A+B+L}{A+B}\right)\right] . \qquad (10.6)$$

Somando $F_{28}$ com $F_{68}$, com $v_2 = v_6$ e $\lambda_2 = \lambda_6$, obtemos zero se $A = C$, para qualquer valor de $B$:

$$\vec{F}_{28} + \vec{F}_{68} = \vec{0} \quad \text{se} \quad A = C . \qquad (10.7)$$

Os pedaços 1 e 7 têm o mesmo comprimento. Além disso, eles estão situados simetricamente em relação à ponte 8, assim como os pedaços 2 e 6. O resultado dado pela equação (10.7) mostra que a soma das forças dos pedaços 1 e 7 nas cargas da ponte também é igual a zero, como havíamos suposto anteriormente:

$$\vec{F}_{18} + \vec{F}_{78} = \vec{0} , \qquad (10.8)$$

supondo também que $v_1 = v_7$ e $\lambda_1 = \lambda_7$.

Para obter a força longitudinal nos íons da ponte devida a todo o circuito basta adicionarmos todos os componentes $x$ das forças dos íons positivos e dos elétrons dos pedaços de 2 a 6 atuando nos íons positivos da ponte. Estas forças exercidas pelos íons positivos e pelos elétrons serão representadas por $F_+$ e $F_-$, respectivamente. Isto porque a força que os íons positivos e os elétrons da ponte fazem nos íons positivos da ponte é obviamente nula. Para obter $F_+$ fazemos $\lambda_2 = ... = \lambda_6 = \lambda_8 \equiv \lambda_+$, assim como $v_2 = ... = v_6 = v_8 = 0$ nas equações (10.2) até (10.6). E para obter $F_-$ fazemos $\lambda_2 = ... = \lambda_6 \equiv \lambda_-$, $\lambda_8 = \lambda_+$, assim como $v_2 = v_5 = v_6 \equiv V_d$ e $v_3 = v_4 \equiv -V_d$ nas equações (10.2) até (10.6). Fazendo isto chega-se ao seguinte resultado:

$$\begin{aligned} F_+ + F_- &= -\frac{\mu_0 I^2}{4\pi}\left[\ln\left(\frac{A+B+L}{A+B}\right) - \ln\left(\frac{B+C+L}{B+C}\right)\right. \\ &+ \frac{1}{2}\left(\ln\left(\frac{\sqrt{(A+B+L)^2+D^2}+(A+B+L)}{\sqrt{(A+B)^2+D^2}+(A+B)}\right)\right. \\ &- \ln\left(\frac{\sqrt{(B+C+L)^2+D^2}+(B+C+L)}{\sqrt{(B+C)^2+D^2}+(B+C)}\right) \\ &+ \ln\left(\frac{\sqrt{(B+C+L)^2+D^2}+D}{\sqrt{(B+C)^2+D^2}+D}\right) \\ &- \ln\left(\frac{\sqrt{(A+B+L)^2+D^2}+D}{\sqrt{(A+B)^2+D^2}+D}\right) \\ &+ \frac{A+B+D}{\sqrt{(A+B)^2+D^2}} - \frac{A+B+D+L}{\sqrt{(A+B+L)^2+D^2}} \\ &+ \left.\left.\frac{B+C+D+L}{\sqrt{(B+C+L)^2+D^2}} - \frac{B+C+D}{\sqrt{(B+C)^2+D^2}}\right)\right], \end{aligned} \tag{10.9}$$

onde substituímos $|\lambda V_d|$ por $I$ e $c^2$ por $1/\mu_0\epsilon_0$.

Este resultado foi publicado pela primeira vez em 1995.[18]

Calculando a força que o circuito todo (rede + elétrons) faz nos elétrons da ponte, obtemos exatamente o resultado acima, equação (10.9), multipli-

[18] [AB95].

cado por $-1$. Isto era de se esperar, pois quando somamos esta força com aquela dada pela equação (10.9), o que estamos obtendo é exatamente o componente longitudinal da força de Ampère.[19] Mas já demonstramos ser nulo este componente longitudinal da força de Ampère para um circuito de corrente fechado, não importando a localização da ponte.

Analisemos agora esta força longitudinal nos íons positivos da rede. Para isto consideremos o circuito da figura 10.2.

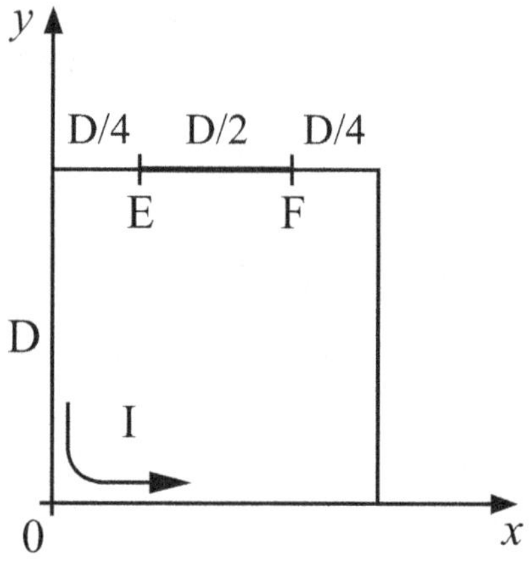


Figura 10.2: Circuito quadrado com ponte simetricamente situada em um de seus lados.

Neste circuito temos $A + 2B + C + L = D$, $A + B = B + C = D/4$ e $L = D/2$, de tal forma que a ponte está simetricamente localizada no circuito quadrado. A ponte é composta de duas partes iguais que designamos por metade direita e metade esquerda. Cada uma dessas metades tem então o comprimento de $D/4$. Substituindo estes valores na equação (10.9) obtemos que a força longitudinal exercida nos íons positivos da metade esquerda da ponte exercida pelo resto do circuito (incluindo a metade direita) é dada por $0,27(\mu_0 I^2/4\pi)$, apontando para a esquerda. Esta força é independente do valor do comprimento $D$. Com uma corrente de $6 \times 10^3 A$ obtém-se então uma força de aproximadamente $0,7N$. Esta mesma força, calculada para a metade direita, tem o mesmo valor mas apontando para a direita, como indicado na figura 10.3.

[19]Derivamos a força de Ampère da força de Weber na Subseção 7.1.1.

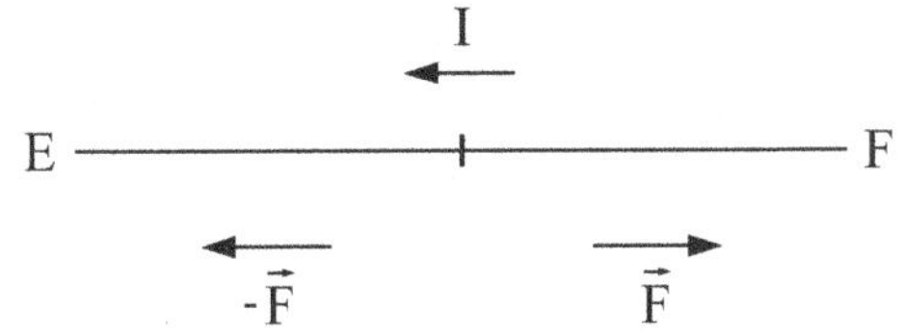


Figura 10.3: Ponte dividida em dois pedaços iguais e a força devida ao circuito da figura 10.2 que atua nas cargas positivas de cada metade.

Em um experimento com uma geometria deste tipo (apesar do resto do circuito não ser claramente especificado) e correntes desta ordem de magnitude, um fio de alumínio de $1,2$ mm de diâmetro e 1 m de comprimento se quebrou em vários pedaços.[20] A análise dos fragmentos indicou que o fio foi quebrado no estado sólido devido a uma tensão mecânica e não, por exemplo, devido a derretimento ou aquecimento Joule. Este fio de alumínio estava mecanicamente desconectado do resto do circuito e o representamos pela ponte do nosso circuito na figura 10.2. Nas extremidades dos pontos $E$ e $F$ desta figura há arcos elétricos fechando a corrente através do circuito, mas permitindo que a ponte esteja mecanicamente desconectada do suporte. Como a ponte está mecanicamente desconectada do resto do circuito, ela não sofre qualquer força mecânica ou tensão exercida pelo suporte. Ou seja, a força de Ampère ou de Grassmann na direção $-\hat{x}$ atuando no pedaço 5 da figura 10.1 e a força na direção $+\hat{x}$ atuando no pedaço 3 não podem ser transmitidas à ponte $L$ devido a ela estar mecanicamente desconectada do restante do circuito. A força longitudinal resultante na ponte é obviamente nula. Apesar disto ela deve estar tensionada, o que é representado pelas forças opostas atuando na metade esquerda e na metade direita da figura 10.3. Como discutimos nesta Seção, esta força calculada com a expressão de Weber é da ordem de $1N$. Por outro lado, a força necessária para romper um fio de alumínio é da ordem de 50 a $500N/mm^2$, como discutido por Gray.[21] Isto mostra que naquele experimento pode não ter sido a força de Weber a responsável pela explosão do fio. Contudo, é importante ressaltar que não levamos em conta nestes cálculos a possível variação com a temperatura da força necessária para romper o metal. Em um experimento de explosão de fios, a temperatura que o fio de alumínio atinge nos instantes anteriores à sua

[20] [Gra83].
[21] [Gra63, pág. 48].

ruptura é da ordem de milhares de graus. Caso a tensão necessária para romper um fio metálico diminua com a temperatura, a explicação da explosão de fios pela força de Weber passa a ser possível. Infelizmente não temos dados experimentais para decidir esta questão.

### 10.3.1 Conclusões

Obtivemos então uma força longitudinal atuando sobre os íons ao utilizar a expressão de Weber. Quando comparamos esta força com um experimento real de explosão de fio, encontramos que esta tensão era duas ordens de grandeza menor que a tensão necessária para romper o fio. Apesar deste fato, vamos analisar um pouco mais as consequências de tal força.

Ela atua nos íons positivos e vimos também que uma força oposta a esta atua nos elétrons. Considerando que estamos no estado estacionário, esta força nos elétrons precisa ser anulada por alguma outra força, já que eles se deslocam em relação ao fio com uma velocidade constante no caso de corrente constante. A força eletromotriz da bateria já é anulada pela resistência do fio. Consequentemente, esta força extra nos elétrons provocará um acúmulo de elétrons no centro de cada um dos lados do circuito, ocorrendo uma compressão dos elétrons, enquanto que os íons positivos estão tensionados, sendo impulsionados em direção aos vértices do circuito. No equilíbrio, esta concentração de cargas no centro de cada um dos lados do circuito deve equilibrar esta compressão, fazendo com que se anule a força resultante atuando sobre os elétrons de condução.

Não levamos em conta esta nova distribuição de cargas no cálculo que apresentamos nesta Seção. Uma consequência desta nova distribuição de cargas é que haverá, no equilíbrio, uma repulsão coulombiana adicional entre os elétrons, a qual não existia anteriormente quando consideramos uma corrente neutra. Os efeitos desta repulsão coulombiana não serão analisados aqui.

Outro aspecto a ser mencionado é que, em experimentos de explosão de fios, em geral se utiliza uma descarga de um banco de capacitores gerando um pulso de corrente, ao invés de se utilizar uma corrente constante devida a uma bateria química. Este fato indica que a explosão de fios acontece com uma corrente transiente que está variando no tempo (sendo na maioria dos casos uma senoide amortecida), enquanto que a análise apresentada nesta Seção ficou restrita a correntes constantes.

## 10.4 Questões Não Resolvidas e Perspectivas Futuras

Apesar de termos mostrado neste livro que nas situações de circuitos fechados há uma equivalência exata entre as expressões de Ampère e de Grassmann, isto não esgota o problema. Há diversas situações que ainda faltam ser analisadas e que podem levar a previsões diferentes entre estas duas forças. Caso isto aconteça, vai ser possível tentar distingui-las experimentalmente e ver qual delas estará de acordo com os dados observacionais. As provas apresentadas aqui da equivalência entre as duas formulações basearam-se em linhas fechadas de corrente e sempre que isto deixar de ser válido a questão fica em aberto.

A primeira situação onde pode haver uma distinção entre estas duas expressões é no caso de correntes variáveis em circuitos fechados longos. Neste caso pode ser que a corrente não tenha a mesma intensidade em todos os pontos ao longo do circuito, podendo haver acúmulo de cargas, apesar de o circuito ser fechado. Esta situação poderia ser verificada em um cabo telefônico longo ou em fios transatlânticos.

Outras situações envolvem circuitos fisicamente ou mecanicamente abertos. Como primeiro exemplo citamos a carga ou descarga de um capacitor (ou de um banco de capacitores) em que a separação $d$ entre as placas não seja muito menor do que o comprimento $\ell$ do circuito.

Como segundo exemplo citamos o caso de um fio reto finito de comprimento $\ell$ e seção reta circular de raio $a$ tal que $\ell \gg a$, fio este interagindo com um ímã permanente de comprimento $L$ e forma cilíndrica. Para simplificar a análise supomos o ímã centrado na origem e apontando ao longo do eixo $z$, com os pólos norte e sul localizados em $+L/2$ e $-L/2$, respectivamente. O fio reto é considerado no plano $z = 0$, paralelo ao eixo $y$, com seu centro em $(x,\ y,\ z) = (b,\ 0,\ 0)$ e extremidades em $(x,\ y,\ z) = (b,\ \pm\ell/2,\ 0)$. Mantendo o fio sempre no plano $z = 0$ e paralelo ao eixo $y$, fazemos com que ele oscile (devido a uma força mecânica externa) se aproximando e se afastando do ímã (por exemplo, com $b = b_o + c_o \cos(\omega t)$). O ímã é sempre mantido em repouso no laboratório. Como o campo magnético devido ao ímã vai ser sempre paralelo ao eixo $z$ em todos os pontos do fio e o movimento do fio é paralelo ao eixo $x$, conclui-se que vai ser induzida no fio uma corrente alternada na direção de seu comprimento (paralela ao eixo $y$). Neste caso e considerando apenas a corrente no fio, conclui-se que a expressão de Ampère vai prever uma tração no fio dada pela equação (1.3) do Capítulo 1, enquanto que a expressão de Grassmann não vai prever nenhuma tração. A existência ou não desta tração poderia ser verificada experimentalmente.

Pode-se argumentar que nestes casos também existirão apenas correntes fechadas, utilizando a corrente de deslocamento de Maxwell. Por outro lado ainda não é claro se esta corrente de deslocamento exerce ou não força mecânica. Será que a corrente de deslocamento pode exercer uma tração no fio que faria com que ele se rompesse? Mesmo que isto ocorra, será que ela vai dar exatamente o mesmo valor que a força de Ampère? Todas estas são questões ainda em aberto que precisam ser exploradas e analisadas com cuidado.

Como terceiro exemplo citamos a experiência de Pappas e Vaughan[22] com uma antena-Z. A situação é a de uma antena no plano $z = 0$ ligada entre os pontos $(x, y) = (a/2, a/4)$, $(a/2, 0)$, $(-a/2, 0)$ e $(-a/2, -a/4)$, sendo que o comprimento total da antena é de $3a/2$. Ela é suspensa por um fio de nylon vertical em $z = 0$ e excitada pelo centro em várias frequências. Esta é uma outra situação de circuito aberto, com uma corrente alternada circulando na antena. De acordo com as figuras 8.1 e 8.2, seria de se esperar um auto-torque na antena de acordo com a expressão de Grassmann mas não de acordo com a expressão de Ampère. Contas detalhadas mostrando o valor do auto-torque com a força de Grassmann e a não-existência deste auto-torque com as forças de Ampère ou de Weber encontram-se em trabalhos de Wesley.[23] Nenhum torque foi observado na experiência, o que está de acordo com as forças de Ampère e de Weber, mas não está de acordo com as forças de Grassmann ou de Lorentz. Pappas e Vaughan ainda consideraram várias possibilidades que pudessem explicar este fato dentro da eletrodinâmica de Maxwell-Lorentz, ou seja, encontrar um contra-torque que cancelasse o auto-torque previsto pela força de Grassmann, mas nada foi obtido. Em particular, consideraram os seguintes aspectos: a ação eletrostática surgindo do acúmulo de cargas devido a este ser um circuito aberto, a ação retardada das cargas elétricas sobre a antena, a ação da corrente de deslocamento ao redor da antena e a ação do momento angular do campo eletromagnético.[24]

Vários outros exemplos similares podem ser discutidos mas estes casos discutidos nesta Seção já são suficientes para dar uma ideia da profundidade

---

[22] [PV90] e [Pap93].

[23] [Wes90b] e [Wes91, Seção 6.9].

[24] [PV90].

de tal questão.

Embora todas estas situações sejam importantes e não triviais, são necessárias mais experiências antes de se chegar a uma conclusão final. De qualquer forma, toda esta discussão mostra um grande campo de pesquisa que ainda falta ser explorado tanto teoricamente quanto experimentalmente.

# Capítulo 11

# Conclusões

Na primeira parte deste trabalho apresentamos um método de cálculo do coeficiente de indutância que permite a obtenção de resultados analíticos dentro da aproximação que se queira. Demonstramos a sua utilidade através da comparação dos resultados obtidos por este método com os resultados obtidos por meio dos métodos tradicionais de aproximação. Provamos que as expressões de Neumann, Weber, Maxwell e Graneau para o cálculo da auto-indutância são diferentes entre si no caso de circuitos abertos, embora sejam iguais entre si no caso de circuitos fechados de formas arbitrárias.

Utilizamos este mesmo método de cálculo no estudo da força entre condutores metálicos na segunda parte deste trabalho. O problema de divergência com as expressões para o cálculo da força entre partes de um mesmo circuito fechado também foi extensivamente tratado neste trabalho, onde aperfeiçoamos um método utilizado pela primeira vez na literatura por Wesley[1] para se obter resultados analíticos. Constatamos que não existe diferença entre as forças de Ampère e Grassmann para o caso de circuitos fechados conduzindo correntes constantes, como afirmaram erroneamente alguns autores.[2] Para chegar a nossa conclusão foi essencial levar em conta dois importantes fatores negligenciados por estes outros autores, a saber, a utilização de circuitos com linhas de corrente fechadas e a inclusão no cálculo com a expressão de Grassmann da força que uma parte do circuito faz nela mesma. A importância deste segundo fator é devida ao fato que a força de Grassmann não satisfaz o princípio de ação e reação entre elementos de corrente, enquanto que a força de Ampère sempre satisfaz este princípio, não impor-

[1] [Wes90a].

[2] Ver, por exemplo, [Gra85c, Wes90a, Pap90].

tando a orientação dos elementos de corrente. Estes resultados, obtidos com circuitos específicos, foram confirmados através da comparação de nossos cálculos com os dados obtidos de experimentos. Nossos resultados também foram generalizados para quaisquer circuitos de corrente fechadas tendo formas arbitrárias.

Discutimos agora o trabalho de Cavalleri e colaboradores.[3] Eles realizaram uma experiência para medir a força resultante atuando sobre uma parte móvel de um circuito fechado e mostraram que esta medida estava de acordo com o cálculo teórico utilizando a força de Grassmann. Concluíram então que a experiência que realizaram era uma prova da eletrodinâmica clássica baseada nas forças de Lorentz e de Grassmann. Contudo, vários autores têm demonstrado nos últimos anos que as forças de Ampère e de Grassmann sempre fornecem o mesmo resultado quando calculamos a força resultante atuando sobre uma parte de um circuito fechando, desde que todas as linhas de corrente sejam fechadas.[4] O que podemos dizer então é que o resultado experimental de Cavalleri pode ser igualmente explicado tanto pela força de Grassmann quanto pela força de Ampère. Este foi o tema principal deste livro. A experiência de Cavalleri não "prova" o eletromagnetismo clássico (equações de Maxwell, força de Lorentz e força de Grassmann), já que ele também pode ser explicado quantitativamente pela força de Ampère entre elementos de corrente e pela eletrodinâmica de Weber.

O conhecimento no século XIX da equivalência entre as forças de Ampère e Grassmann para a interação entre um circuito fechado e um condutor externo a ele restringiram a procura por uma distinção entre estas forças a experimentos com circuitos únicos. Demonstramos agora que mesmo nestas situações também existe uma completa equivalência entre as duas expressões de força. Portanto, outros tipos de experimentos têm que ser utilizados na procura por uma solução para esta controvérsia.

A equivalência entre estas expressões em situações de circuito fechado é reivindicada por alguns autores nos últimos anos. Jolly e Ternan[5] apresentaram demonstrações da equivalência que estão restritas ao caso magnetostático, ou seja, no qual é válida a seguinte relação: $\nabla \cdot \vec{J} = 0$. Como nos experimentos utiliza-se descarga de bancos de capacitores (como nas ex-

[3][CBTS98].

[4][Jol85], [Ter85a], [Ter85b], [Chr87], [Chr88], [Peo88], [Chr89], [Str89b], [Str89a], [Moy89c], [AB96], [BA97b], [BA97a], [BA98a], [BA98b], [BA01] etc.

[5][Jol85] e [Ter85a].

periências de explosão de fios) e corrente pulsada,[6] estas demonstrações são limitadas. Christodoulides apresentou uma demonstração da equivalência que não tem esta limitação.[7] No entanto, sua demonstração possui alguns problemas matemáticos de convergência e singularidade indicados por outros autores.[8] Christodoulides não mostrou na prática como resolver estes problemas apontados pelos outros cientistas. A demonstração da equivalência entre as forças de Ampère e Grassmann que apresentamos neste trabalho, além de não estar limitada ao caso magnetostático, não possui os problemas apontados por Pappas e Cornille à demonstração de Christodoulides.

Com estas demonstrações fica evidente que os efeitos de interação longitudinal entre condutores metálicos (claramente demonstrados através de inúmeras experiências, principalmente aquelas realizadas por Graneau) não podem ser atribuídos à força de Ampère. Também não podemos demonstrar a não validade da força de Grassmann através de experiências como estas que utilizam circuitos fechados conduzindo correntes constantes. Vemos claramente dois caminhos a seguir para distinguir a força de Ampère da força de Grassmann, ou então para distinguir a força de Weber da força de Lorentz.

O primeiro, de cunho teórico, iniciamos neste trabalho através do estudo da interação longitudinal entre condutores metálicos com a força de Weber. Vimos na situação de estado estacionário que analisamos (o experimento de explosão de fios) que apesar de existir uma força longitudinal prevista pela força de Weber, ela não é suficiente para explicar a ordem de grandeza dos resultados experimentais, a não ser que a tensão necessária para romper um fio diminua com a temperatura, o que é bem provável. Infelizmente não conhecemos dados experimentais suficientes para decidir esta questão. Apesar disto, esta força longitudinal de Weber determina uma nova distribuição de cargas dentro do condutor que não foi levada em consideração aqui e que precisa ser estudada em detalhes. Também não foram levados em conta nesta última análise utilizando a força de Weber os termos de aceleração que existem em uma corrente originada pela descarga de um banco de capacitores.

O outro caminho é experimental. Ou seja, experimentos realizados com cargas movendo-se dentro de cascas esféricas dielétricas carregadas podem decidir no futuro qual das duas expressões de força está errada, a de Weber ou a de Lorentz, já que ambas fornecem resultados diferentes nesta situação.[9]

---

[6] Ver, por exemplo, [Peo88].

[7] [Chr87].

[8] [Cor89, Pap90].

[9] [Ass92a, Ass93].

Este tópico pode levar a resultados importantes no futuro. De acordo com a eletrodinâmica de Weber uma carga teste acelerada dentro de uma casca esférica uniformemente eletrizada deve se comportar como tendo uma massa inercial efetiva que depende da quantidade de carga distribuída sobre a casca esférica. Este efeito não deve ocorrer de acordo com a força de Lorentz. Algumas experiências começaram a ser realizadas para testar este efeito, mas os resultados ainda são conflituosos.[10] Concordamos com Costa de Beauregard e Lochak de que se este efeito previsto pela eletrodinâmica de Weber for confirmado por pesquisas independentes, teremos um marco importante para o futuro da física.[11]

Com este livro esperamos ter contribuído para um assunto importante e não totalmente esclarecido: o estudo dos fundamentos da eletrodinâmica através da análise da força entre condutores de corrente. Este é um tema ainda em aberto, tanto teoricamente quanto experimentalmente. Com este trabalho esperamos ter resolvido diversos aspectos teóricos, sem contudo ter fechado a questão.

Em analogia ao que Isaac Newton afirmou na Nota à primeira edição do seu livro *Óptica*,[12] nossa finalidade única ao publicar a presente obra foi comunicar os cálculos que realizamos e as conclusões a que chegamos, deixando o restante a outros para uma pesquisa posterior.

[10] [Mik99], [Mik01], [Mik03] e [JP04].
[11] [CL99].
[12] [New96, pág. 31].

# Parte IV

# Apêndices

# Apêndice A

# Método de Aproximação das Integrais

Na maioria das situações experimentais que envolvem condutores metálicos o diâmetro do fio é muito menor que qualquer comprimento característico do circuito do qual ele faz parte. Nestes casos podemos aplicar a aproximação de elementos de corrente filiformes para calcular as indutâncias e forças, exceto para as partes que estão se tocando. Nesta última situação precisamos utilizar elementos de corrente superficiais ou volumétricos para evitar resultados divergentes que fornecem valores infinitos. Não sendo nestas situações, podemos utilizar elemento de corrente linear. O resultado é uma excelente aproximação do valor experimental medido, como podemos constatar com a comparação dos cálculos para o circuito da figura 8.3 com os resultados experimentais, ver a Seção 10.1.

Nem sempre é fácil calcular as integrais quádruplas ou sêxtuplas que aparecem nos problemas onde não se pode utilizar elemento de corrente linear. Muitas vezes o resultado exato obtido com estas integrações quádruplas ou sêxtuplas é inútil. O que é realmente necessário é ter uma boa aproximação do resultado final até uma determinada ordem. Assim, ao invés de se fazer o cálculo exato das integrais e depois a expansão deste resultado até a ordem desejada, faz-se a aproximação nas integrações.

O método que utilizamos foi o seguinte. Sejam $a$ e $\omega$ constantes tais que $\omega \ll a$. Seja $f$ uma função real a valor real e $T$ a sua integral no intervalo $[a, a+\omega]$:

$$T \equiv \int_a^{a+\omega} f(x)dx = F(a+\omega) - F(a) \ , \qquad \text{(A.1)}$$

onde $F'(x) = f(x)$.

Façamos uma expansão em série de Taylor deste resultado integrado para $\omega \approx 0$:

$$\begin{aligned} T &= \left[F(a) + \omega F'(a) + \frac{\omega^2}{2}F''(a) + O(\omega^3)\right] - F(a) \\ &= \omega F'(a) + \frac{\omega^2}{2}F''(a) + O(\omega^3) \\ &= \omega f(a) + \frac{\omega^2}{2}f'(a) + O(\omega^3) \ . \end{aligned} \qquad \text{(A.2)}$$

Portanto, para obtermos o resultado de $T$ expandido em série de Taylor até segunda ordem em $\omega$, não precisaremos calcular $F(x)$, que é a primitiva da função $f(x)$. Para obter $T$ basta que $f(a)$ e $f'(a)$ estejam definidos.

É extremamente importante que $f(a)$ e $f'(a)$ tenham valores definidos. Como as nossas integrais são múltiplas, alguns cuidados precisam ser tomados. Consideremos, como exemplo, a integral dupla:

$$S \equiv \int_a^{a+\omega} dx \int_b^{b+\omega} dy f(x,y) \ . \qquad \text{(A.3)}$$

Com as condições $\omega \ll a$ e $\omega \ll b$ podemos escrever:

$$\begin{aligned} S &= \int_a^{a+\omega} dx \left[\omega f(x,b) + \frac{\omega^2}{2} f_y(x,b) + O(\omega^3)\right] \\ &= \omega^2 f(a,b) + O(\omega^3) \ , \end{aligned} \qquad \text{(A.4)}$$

onde $f_y \equiv \partial f/\partial y$.

Precisamos então verificar se a função $f(x,y)$ está definida tanto em $x = a$ quanto em $y = b$. Às vezes a própria função $f(x,y)$ depende de $\omega$. Temos então que garantir que além de $f$ estar definida no ponto $(a,b)$, o seu limite quando $\omega$ tende a zero tem de existir e ser finito. Este cuidado também deve ser tomado com relação às derivadas.

Como um exemplo de uma variável, consideremos $a \equiv 0$ e $f(x) \equiv (\omega^2 + x^2)^{1/2}$ na equação (A.1). Resolvendo a integral exatamente obtemos:

$$T = \omega^2 \frac{\sqrt{2}}{2} + \omega^2 \frac{\text{senh}^{-1}(1)}{2} . \tag{A.5}$$

Agora vamos utilizar o método de aproximação sem verificarmos os limites de $f(a)$ e $f'(a)$ quando $\omega$ tende a zero. Com a equação (A.2) vem que:

$$T = \omega^2 + O(\omega^3) . \tag{A.6}$$

Comparando o resultado exato dado pela equação (A.5) com o resultado da aproximação dado pela equação (A.6), concluímos que o método não funcionou. O problema está no limite de $f_x(x, \omega)$ quando $x$ e $\omega$ tendem a zero. Para o exemplo acima este limite é uma indeterminação do tipo 0/0.

Portanto, só podemos utilizar corretamente a expansão do integrando em série de Taylor para aproximar o valor da integral, se não existirem os problemas que acabamos de expor. Em todos os cálculos das integrais que resolvemos exatamente e depois expandimos o resultado, houve igualdade quando comparamos este resultado com o resultado da aproximação da integral, desde que verificadas as condições expostas neste Apêndice.

# Referências ]


[AB95] A. K. T. Assis and M trodynamics. *Intern* 3696, 1995.

[AB96] A. K. T. Assis and M Grassmann's forces. 1996.

[AB00] A. K. T. Assis and trodynamics. *Revist* *Tarapaca (Chile)*, 7:4

[AC98] A. K. T. Assis and J and fields in coaxial sics. In F. Selleri, e pages 177–185, Mont

[AC00] A. K. T. Assis and resistive coaxial cabl *tions on Circuits an*

[AC06] A. K. T. Assis and J. pilha de Volta — tr e Savart sobre eletro *da Ciência*, 16:303–3

[AC11] A. K. T. Assis and J. *Análise do Significa* *tamente com a Tra* *bre Eletrodinâmica.* 9788526809383.


# Apêndice B

# Exemplo do Método de Aproximação

Neste Apêndice vamos aplicar o método de aproximação de integrais, descrito no Apêndice A, ao cálculo das integrais da equação (8.22). A primeira aproximação que podemos fazer é nos limites de integração das variáveis $y_5$ e $y_6$. Como vamos considerar $\omega \ll \ell_1$ e $\omega \ll \ell_2$, ao invés de $y_5$ variar de $\ell_1$ a $\ell_2 - \omega$ e $y_6$ variar de $\omega$ a $\ell_1$, podemos simplificar o intervalo de variação para, respectivamente, $\ell_1$ a $\ell_2$ e 0 a $\ell_1$. Reescrevendo a expressão (8.22) para esta primeira aproximação, temos:

$$
\begin{aligned}
F &= \frac{\mu_0 I^2}{4\pi\omega^2} \int_0^{\omega} dx_5 \int_{\ell_1}^{\ell_2} dy_5 \int_0^{\omega} dx_6 \int_0^{\ell_1} dy_6 \\
&\times \left( \frac{3(y_5 - y_6)^3}{[(x_5 - x_6)^2 + (y_5 - y_6)^2]^{5/2}} \right. \\
&\left. - \frac{2(y_5 - y_6)}{[(x_5 - x_6)^2 + (y_5 - y_6)^2]^{3/2}} \right) . \qquad \text{(B.1)}
\end{aligned}
$$

Primeiro integramos sem aproximação nas variáveis $y_5$ e $y_6$. O resultado é dado por:

$$
\begin{aligned}
F &= \frac{\mu_0 I^2}{4\pi\omega^2} \int_0^{\omega} dx_5 \int_0^{\omega} dx_6 \left( \text{senh}^{-1}\left( \frac{\ell_2 - \ell_1}{|x_5 - x_6|} \right) \right. \\
&- \frac{\ell_2 - \ell_1}{[(x_5 - x_6)^2 + (\ell_2 - \ell_1)^2]^{1/2}} - \text{senh}^{-1}\left( \frac{\ell_2}{|x_5 - x_6|} \right)
\end{aligned}
$$

# Referências Bibliográficas

[AB95] A. K. T. Assis and M. Bueno. Longitudinal forces in Weber's electrodynamics. *International Journal of Modern Physics B*, 9:3689–3696, 1995.

[AB96] A. K. T. Assis and M. A. Bueno. Equivalence between Ampère and Grassmann's forces. *IEEE Transactions on Magnetics*, 32:431–436, 1996.

[AB00] A. K. T. Assis and M. Bueno. Bootstrap effect in classical electrodynamics. *Revista Facultad de Ingenieria de la Universidad de Tarapaca (Chile)*, 7:49–55, 2000.

[AC98] A. K. T. Assis and J. I. Cisneros. The problem of surface charges and fields in coaxial cables and its importance for relativistic physics. In F. Selleri, editor, *Open Questions in Relativistic Physics*, pages 177–185, Montreal, 1998. Apeiron.

[AC00] A. K. T. Assis and J. I. Cisneros. Surface charges and fields in a resistive coaxial cable carrying a constant current. *IEEE Transactions on Circuits and Systems I*, 47:63–66, 2000.

[AC06] A. K. T. Assis and J. P. M. C. Chaib. Nota sobre o magnetismo da pilha de Volta — tradução comentada do primeiro artigo de Biot e Savart sobre eletromagnetismo. *Cadernos de História e Filosofia da Ciência*, 16:303–309, 2006.

[AC11] A. K. T. Assis and J. P. M. d. C. Chaib. *Eletrodinâmica de Ampère: Análise do Significado e da Evolução da Força de Ampère, Juntamente com a Tradução Comentada de Sua Principal Obra sobre Eletrodinâmica.* Editora da Unicamp, Campinas, 2011. ISBN: 9788526809383.

[AH99a] A. K. T. Assis and J. A. Hernandes. Cargas superficiais em placas condutoras com correntes constantes. In SBF, editor, *Anais do XX Encontro Nacional de Física de Partículas e Campos, São Lourenço, 25 a 29/10/99*, page 1, São Paulo, 1999. Sociedade Brasileira de Física. Published at: <www.sbf1.if.usp.br/eventos/enfpc/xx/procs/res224/>.

[AH99b] A. K. T. Assis and J. A. Hernandes. A repulsão coulombiana não explica a explosão de fios. *Acta Scientiarum*, 21:837–839, 1999.

[AH07] A. K. T. Assis and J. A. Hernandes. *The Electric Force of a Current: Weber and the Surface Charges of Resistive Conductors Carrying Steady Currents.* Apeiron, Montreal, 2007. ISBN: 9780973291155. Disponível em: <www.ifi.unicamp.br/~assis>.

[AH09] A. K. T. Assis and J. A. Hernandes. *A Força Elétrica de uma Corrente: Weber e as Cargas Superficiais de Condutores Resistivos com Correntes Constantes.* Edusp e Edufal, São Paulo e Maceió, 2009. Volume 73 da Coleção Acadêmica. ISBNs: 9788531411236 e 9788571774315.

[AH13] A. K. T. Assis and J. A. Hernandes. *Elektrischer Strom und Oberflächenladungen: was Wilhelm Weber schon vor mehr als 150 Jahre wußte.* Apeiron, Montreal, 2013. Tradução de H. Härtel. ISBN: 9780992045609. Disponível em: <www.ifi.unicamp.br/~assis>.

[AM99] A. K. T. Assis and A. J. Mania. Surface charges and electric field in a two-wire resistive transmission line. *Revista Brasileira de Ensino de Física*, 21:469–475, 1999.

[Amp22a] A.-M. Ampère. Mémoire sur la Détermination de la formule qui représente l'action mutuelle de deux portions infiniment petites de conducteurs voltaïques. Lu à l'Académie royale des Sciences, dans la séance du 10 juin 1822. *Annales de Chimie et de Physique*, 20:398–421, 1822.

[Amp22b] A.-M. Ampère. Second mémoire sur la Détermination de la formule que représente l'action mutuelle de deux portions infiniment petites de conducteurs voltaïques. In A.-M. Ampère, editor, *Recueil d'Observations Électro-dynamiques*, pages 293–318. Crochard, Paris, 1822. Apesar da data, este volume foi publicado apenas em 1823.

[Amp23] A.-M. Ampère. Mémoire sur la théorie mathématique des phénomènes électro-dynamiques uniquement déduite de l'expérience, dans lequel se trouvent réunis les Mémoires que M. Ampère a communiqués à l'Académie royale des Sciences, dans les séances des 4 et 26 décembre 1820, 10 juin 1822, 22 décembre 1823, 12 septembre et 21 novembre 1825. *Mémoires de l'Académie Royale des Sciences de l'Institut de France*, 6:175–387, 1823. Apesar da data, este volume foi publicado apenas em 1827.

[Amp26] A.-M. Ampère. *Théorie des Phénomènes Électro-dynamiques, Uniquement Déduite de l'Expérience.* Méquignon-Marvis, Paris, 1826.

[Amp85a] A.-M. Ampère. Notice sur quelques expériences nouvelles relatives à l'action mutuelle de deux portions de circuit voltaïque et a la production des courants électriques par influence, et sur les circonstances dans lesquelles l'action électrodynamique doit, d'après la théorie, produire dans un conducteur mobile autour d'un axe fixe un mouvement de rotation continu, ou donner a ce conducteur une direction fixe. In J. Joubert, editor, *Collection de Mémoires relatifs a la Physique,* Vol. II: *Mémoires sur l'Électrodynamique*, pages 329–337. Gauthier-Villars, Paris, 1885. Présenté à l'Academie royale des Sciences, le 16 septembre 1822.

[Amp85b] A.-M. Ampère. Second mémoire sur la détermination de la formule qui représente l'action mutuelle de deux portions infiniment petites de conducteurs voltaïques, lu à l'Académie royale des Sciences, le 10 juin 1822. In J. Joubert, editor, *Collection de Mémoires relatifs a la Physique,* Vol. II: *Mémoires sur l'Électrodynamique*, pages 270–289. Gauthier-Villars, Paris, 1885.

[Amp65] A.-M. Ampère. On the Mathematical Theory of Electrodynamic Phenomena, Experimentally Deduced. In R. A. R. Tricker, editor, *Early Electrodynamics — The First Law of Circulation*, pages 155–200, Nova York, 1965. Pergamon. Partial English translation by O. M. Blunn of Ampère's work "Mémoire sur la théorie mathématique

des phénomènes électro-dynamiques uniquement déduite de l'expérience", *Mémoires de l'Académie royale des Sciences de l'Institut de France*, vol. 6, pp. 175-387 (1823), publicado em 1827.

[Amp90] A.-M. Ampère. *Théorie Mathématique des Phénomènes Électrodynamiques Uniquement Déduite de l'Expérience.* Éditions Jacques Gabay, Sceaux, 1990. Réimpression du Mémoire fondamental d'André-Marie Ampère paru en 1827 dans les *Mémoires de l'Académie Royale des Sciences de l'Institut de France*, année 1823, Tome VI, pp. 175-388.

[Arc89] T. Archibald. Energy and the mathematization of electrodynamics in Germany, 1845-1875. *Archives Internationales d'Histoire des Sciences*, 39:276–308, 1989.

[ARM99] A. K. T. Assis, W. A. Rodrigues Jr., and A. J. Mania. The electric field outside a stationary resistive wire carrying a constant current. *Foundations of Physics*, 29:729–753, 1999.

[Asp86] H. Aspden. Anomalous electrodynamic explosions in liquids. *Transactions on Plasma Science*, PS-14:282–285, 1986.

[Asp87] H. Aspden. The exploding wire phenomenon as an inductive effect. *Physics Letters A*, 120:80, 1987.

[Ass89] A. K. T. Assis. On Mach's principle. *Foundations of Physics Letters*, 2:301–318, 1989.

[Ass90] A. K. T. Assis. Deriving Ampère's law from Weber's law. *Hadronic Journal*, 13:441–451, 1990.

[Ass92a] A. K. T. Assis. Centrifugal electrical force. *Communications in Theoretical Physics*, 18:475–478, 1992.

[Ass92b] A. K. T. Assis. *Curso de Eletrodinâmica de Weber*. Setor de Publicações do Instituto de Física da Universidade Estadual de Campinas — UNICAMP, Campinas, 1992. Notas de Física IFGW Número 5. Disponível em: `<www.ifi.unicamp.br/~assis>`.

[Ass92c] A. K. T. Assis. On the mechanism of railguns. *Galilean Electrodynamics*, 3:93–95, 1992.

[Ass93] A. K. T. Assis. Changing the inertial mass of a charged particle. *Journal of the Physical Society of Japan*, 62:1418–1422, 1993.

[Ass94] A. K. T. Assis. *Weber's Electrodynamics*. Kluwer Academic Publishers, Dordrecht, 1994. ISBN: 0792331370.

[Ass95] A. K. T. Assis. *Eletrodinâmica de Weber — Teoria, Aplicações e Exercícios*. Editora da Universidade Estadual de Campinas — UNICAMP, Campinas, 1995. ISBN: 8526803581.

[Ass98] A. K. T. Assis. *Mecânica Relacional*. Editora do Centro de Lógica, Epistemologia e História da Ciência da UNICAMP/FAPESP, Campinas, 1998. ISBN: 8586497010. Disponível em: <www.ifi.unicamp.br/~assis>.

[Ass99a] A. K. T. Assis. *Relational Mechanics*. Apeiron, Montreal, 1999. ISBN: 0968368921. Disponível em: <www.ifi.unicamp.br/~assis>.

[Ass99b] A. K. T. Assis. *Uma Nova Física*. Editora Perspectiva, São Paulo, 1999. ISBN: 8527301997.

[Ass00] A. K. T. Assis. The meaning of the constant c in Weber's electrodynamics. In R. Monti, editor, *Proc. of the Int. Conf. Galileo Back in Italy II*, pages 23–36, Bologna, 2000. Soc. Ed. Andromeda.

[Ass10] A. K. T. Assis. Wilhelm Weber's works translated into English. *21st Century Science & Technology*, Vol. 22, No. 4:67–69, 2010.

[Ass13] A. K. T. Assis. *Mecânica Relacional e Implementação do Princípio de Mach com a Força de Weber Gravitacional*. Apeiron, Montreal, 2013. ISBN: 9780986492693. Disponível em: <www.ifi.unicamp.br/~assis>.

[Ass14] A. K. T. Assis. *Relational Mechanics and Implementation of Mach's Principle with Weber's Gravitational Force*. Apeiron, Montreal, 2014. ISBN: 978-0-9920456-3-0. Disponível em: <www.ifi.unicamp.br/~assis>.

[Ath89] W. A. Atherton. Gauss and Weber: An unlikely partnership. *Electronics and Wireless World*, 95:521–522, 1989.

[AWW11] A. K. T. Assis, K. H. Wiederkehr, and G. Wolfschmidt. *Weber's Planetary Model of the Atom*, volume 19 of *Nuncius Hamburgensis — Beiträge zur Geschichte der Naturwissenschaften.* Tredition Science, Hamburg, 2011. Edited by G. Wolfschmidt. ISBN: 9783842402416.

[Aze86] R. Azevedo *et al.* Powerful water-plasma explosions. *Physics Letters A*, 117:101–105, 1986.

[BA95] M. A. Bueno and A. K. T. Assis. A new method for inductance calculations. *Journal of Physics D*, 28:1802–1806, 1995.

[BA97a] M. Bueno and A. K. T. Assis. Equivalence between the formulas for inductance calculation. *Canadian Journal of Physics*, 75:357–362, 1997.

[BA97b] Marcelo Bueno and A. K. T. Assis. Proof of the identity between Ampère and Grassmann's forces. *Physica Scripta*, 56:554–559, 1997.

[BA97c] Marcelo Bueno and A. K. T. Assis. Self-inductance of solenoids, bi-dimensional rings and coaxial cables. *Helvetica Physica Acta*, 70:813–821, 1997.

[BA98a] M. Bueno and A. K. T. Assis. *Cálculo de Indutância e de Força em Circuitos Elétricos.* Editora da UFSC e Editora da UEM, Florianópolis e Maringá, 1998. ISBN: 8532801196.

[BA98b] M. d. A. Bueno and A. K. T. Assis. Deriving force from inductance. *IEEE Transactions on Magnetics*, 34:317–319, 1998.

[BA01] M. d. A. Bueno and A. K. T. Assis. *Inductance and Force Calculations in Electrical Circuits.* Nova Science Publishers, Huntington, New York, 2001. ISBN: 1560729171.

[BE90] D. F. Bartlett and W. F. Edwards. Invariance of charge to Lorentz transformation. *Physics Letters A*, 151:259–262, 1990.

[Blo82] C. Blondel. *A.-M. Ampère et la Création de l'Électrodynamique (1820-1827).* Bibliothèque Nationale, Paris, 1982.

[Bue94] M. A. Bueno. Phipps's lagrangian and hamiltonian. *Foundations of Physics Letters*, 7:311–318, 1994.

[CA07] J. P. M. d. C. Chaib and A. K. T. Assis. Sobre os efeitos das correntes elétricas — Tradução comentada da primeira obra de Ampère sobre eletrodinâmica. *Revista da Sociedade Brasileira de História da Ciência*, 5:85–102, 2007.

[CA09] J. P. M. d. C. Chaib and A. K. T. Assis. Sobre os efeitos das correntes elétricas (segunda parte) — Tradução da primeira obra de Ampère sobre eletrodinâmica. *Revista Brasileira de História da Ciência*, 2:118–145, 2009.

[CBTS98] G. Cavalleri, G. Bettoni, E. Tonni, and G. Spavieri. Experimental proof of standard electrodynamics by measuring the self-force on a part of a current loop. *Physical Review E*, 58:2505–2517, 1998.

[Cha59] W. G. Chace. A brief survey of exploding wire research. In W. G. Chace and H. K. Moore, editors, *Exploding Wires*, Vol. 1, pages 7–16, New York, 1959. Plenum Press.

[Cha09] J. P. M. d. C. Chaib, 2009. Tese de doutorado: "Análise do Significado e da Evolução do Conceito de Força de Ampère, juntamente com a Tradução Comentada de sua Principal Obra sobre Eletrodinâmica." Universidade Estadual de Campinas — UNICAMP (Campinas, SP). Orientador: A. K. T. Assis. Disponível em: <http://webbif.ifi.unicamp.br/teses/> e em <www.ifi.unicamp.br/~assis>.

[Chr87] C. Christodoulides. Equivalence of the Ampère and Biot-Savart force laws in magnetostatics. *Journal of Physics A*, 20:2037–2042, 1987.

[Chr88] C. Christodoulides. Comparison of the Ampère and Biot-Savart magnetostatic force laws in their line-current element forms. *American Journal of Physics*, 56:357–362, 1988.

[Chr89] C. Christodoulides. On Ampère's magnetostatic force law and the nature of the forces it predicts. *Physics Letters A*, 141:383–385, 1989.

[CL99] O. Costa de Beauregard and G. Lochak. Comment on Mikhailov's article. *Annales de la Fondation Louis de Broglie*, 24:159–160, 1999.

[Cor89] P. Cornille. On the difference between the Lorentz and Ampère force laws in magnetostatics. *Journal of Physics A*, 22:4075–4081, 1989.

[CSR97] A. E. Chubykalo and R. Smirnov-Rueda. Convection displacement current and generalized form of Maxwell-Lorentz equations. *Modern Physics Letters A*, 12:1–24, 1997.

[Dar20] C. G. Darwin. The dynamical motions of charged particles. *Philosophical Magazine*, 39:537–551, 1920.

[Dar93] O. Darrigol. The electrodynamic revolution in Germany as documented by early German expositions. *Archive for the History of Exact Sciences*, 45:190–280, 1993.

[Dar00] O. Darrigol. *Electrodynamics from Ampère to Einstein.* Oxford University Press, Oxford, 2000.

[dlR22a] A. de la Rive. De l'Action qu'exerce le globe terrestre sur une portion mobile de circuit voltaïque. *Bibliotheque Universelle des Sciences, Belles-Lettres, et Arts*, 21:29–48, 1822. Memoire lu à la Société de Physique et d'Histoire Naturelle de Genève le 4 Septembre 1822.

[dlR22b] A. de la Rive. Mémoire sur l'Action qu'exerce le globe terrestre sur une portion mobile de circuit voltaïque. *Annales de Chimie et de Physique*, 21:24–48, 1822.

[Dru97] D. M. Drury. The electromagnetic momentum of a charged particle in Weber's theory. *Galilean Electrodynamics*, 8:75–78, 1997.

[Dvo97] V. V. Dvoeglazov. Essay on the non-maxwellian theories of electromagnetism. *Hadronic Journal Supplement*, 12:241–288, 1997.

[EKL76] W. F. Edwards, C. S. Kenyon, and D. K. Lemon. Continuing investigation into possible electric fields arising from steady conduction currents. *Physical Review D*, 14:922–938, 1976.

[FK97] J. Fukai and E. T. Kinzer. Compatibility of Weber's force with Maxwell's equations. *Galilean Electrodynamics*, 8:53–55, 1997.

[FLS64] R. P. Feynman, R. B. Leighton, and M. Sands. *The Feynman Lectures on Physics*. Addison-Wesley, Reading, 1964. Volume 2: Mainly Electromagnetism and Matter.

[GA94] P. Graneau and A. K. T. Assis. Kirchhoff on the motion of electricity in conductors. *Apeiron*, 19:19–25, 1994.

[GG85] P. Graneau and P. N. Graneau. Electrodynamics explosions in liquids. *Applied Physics Letters*, 46:468–470, 1985.

[GG93] P. Graneau and N. Graneau. *Newton Versus Einstein — How Matter Interacts with Matter*. Carlton Press, New York, 1993.

[GG96] P. Graneau and N. Graneau. *Newtonian Electrodynamics*. World Scientific, Singapore, 1996.

[GR94] I. S. Gradshteyn and I. M. Ryzhik. *Table of Integrals, Series, and Products*. Academic Press, New York, 5th edition, 1994.

[Gra45] H. Grassmann. Neue Theorie der Electrodynamik. *Annalen der Physik*, 64:1–18, 1845.

[Gra63] D. E. Gray (editor). *American Institute of Physics Handbook*. McGraw-Hill, New York, 1963.

[Gra65] H. Grassmann. A new theory of electrodynamics. In R. A. R. Tricker, *Early Electrodynamics — The First Law of Circulation*, pages 201–214, New York, 1965. Pergamon.

[Gra82a] P. Graneau. Application of Ampere's force law to railgun accelerators. *Journal of Applied Physics*, 53:6648–6654, 1982.

[Gra82b] P. Graneau. Electromagnetic jet-propulsion in the direction of current flow. *Nature*, 295:311–312, 1982.

[Gra83] P. Graneau. First indication of Ampere tension in solid electric conductors. *Physics Letters A*, 97:253–255, 1983.

[Gra84] P. Graneau. Longitudinal magnetic forces. *Journal of Applied Physics*, 55:2598–2600, 1984.

[Gra85a] P. Graneau. *Ampere-Neumann Electrodynamics of Metals*. Hadronic Press, Nonantum, 1985.

[Gra85b] P. Graneau. Ampère and Lorentz forces. *Physics Letters A*, 107:235–237, 1985.

[Gra85c] P. Graneau. Comments on 'Equivalence of the Lorentz and Ampere force laws in magnetostatics' [J. Appl. Phys. 57, 1743 (1985)]. *Journal of Applied Physics*, 58:3638, 1985.

[Gra86] P. Graneau. The Ampere-Neumann electrodynamics of metallic conductors. *Forstchritte der Physik*, 34:457–503, 1986.

[Gra87a] P. Graneau. Amperian recoil and the efficiency of railguns. *Journal of Applied Physics*, 62:3006–3009, 1987.

[Gra87b] P. Graneau. Railgun recoil and relativity. *Journal of Physics D*, 20:391–393, 1987.

[Gra87c] P. Graneau. Wire explosions. *Physics Letters A*, 120:77–79, 1987.

[Gra90] N. Graneau. The finite size of the metallic current element. *Physics Letters A*, 147:92–96, 1990.

[Gra93] P. Graneau. The difference between Newtonian and relativistic forces. *Foundations of Physics Letters*, 6:491–500, 1993.

[Gra94] P. Graneau. *Ampere-Neumann Electrodynamics of Metals*. Hadronic Press, Palm Harbor, 2nd edition, 1994.

[Gra00] P. Graneau *et al.* Arc-liberated chemical energy exceeds electrical imput energy. *Journal of Plasma Physics*, 63:115–128, 2000.

[Gri89] D. J. Griffiths. *Introduction to Electrodynamics*. Prentice Hall, Englewood Cliffs, 2nd edition, 1989.

[Gro46] F. W. Grover. *Inductance Calculations — Working Formulas and Tables*. Van Nostrand, New York, 1946.

[GV92] J. Guala-Valverde. Gravitational redshift revisited. *Galilean Electrodynamics*, 3:58, 1992.

[GV97] J. Guala-Valverde. Centrifugal potential energy in a machian universe. *Galilean Electrodynamics*, 8:100, 1997.

[GV98] J. Guala-Valverde. Gravitational mutual energy in Weber-type mechanics. *Physics Essays*, 11:164–165, 1998.

[GV99a] J. Guala-Valverde. *Inercia y Gravitacion*. Fundacion Julio Palacios, Neuquen, Argentina, 1999. Em colaboração com J. Tramaglia e R. Rapacioli. Disponível em: `www.educ.ar/sitios/educar/recursos/ver?id=90380`.

[GV99b] J. Guala-Valverde. Inertial mass in Mach-Weber-Assis theory. *Apeiron*, 6:202–204, 1999.

[Har82] P. M. Harman. *Energy, Force, and Matter — The Conceptual Development of Nineteenth-Century Physics*. Cambridge University Press, Cambridge, 1982.

[Hec97] L. Hecht. Wilhelm Weber: giant of 19th century physics. *21st Century*, 10(2):53–54, 1997.

[Ive90] T. Ivesić. The relativistic electric fields arising from steady conduction currents. *Physics Letters A*, 144:427–431, 1990.

[Ive91] T. Ivezić. Electric fields from steady currents and unexplained electromagnetic experiments. *Physical Review A*, 44:2682–2685, 1991.

[Ive92] T. Ivezić. The definitions of charge and the invariance of charge. *Physics Letters A*, 162:96–102, 1992.

[Ive93] T. Ivezić. Reply to "Comments on 'Electric fields from steady currents and unexplained electromagnetic experiments' ". *Physical Review E*, 44:4140–4142, 1993.

[Jac75] J. D. Jackson. *Classical Electrodynamics*. John Wiley & Sons, New York, second edition, 1975.

[JM86] C. Jungnickel and R. McCormmach. *Intellectual Mastery of Nature — Theoretical Physics from Ohm to Einstein*, volume 1-2. University of Chicago Press, Chicago, 1986.

[Jol85] D. C. Jolly. Identity of the Ampere and Biot-Savart electromagnetic force laws. *Physics Letters A*, 107:231–234, 1985.

[JP04] J. E. Junginger and Z. D. Popovic. An experimental investigation of the influence of an electrostatic potential on electron mass as predicted by Weber's force law. *Canadian Journal of Physics*, 82:731–735, 2004.

[KF96] E. T. Kinzer and J. Fukai. Weber's force and Maxwell's equations. *Foundations of Physics Letters*, 9:457–461, 1996.

[Kir49] G. Kirchhoff. Ueber eine Ableitung der Ohm'schen Gesetze, welche sich an die Theorie der Elektrostatik anschliesst. *Annalen der Physik*, 78:506–513, 1849. Reprinted in G. Kirchhoff's *Gesammelte Abhandlungen* (Barth, Leipzig, 1882), pp. 49-55.

[Kir50] G. Kirchhoff. On a deduction of Ohm's law in connexion with the theory of electrostatics. *Philosophical Magazine*, 37:463–468, 1850.

[Kir57a] G. Kirchhoff. On the motion of electricity in wires. *Philosophical Magazine*, 13:393–412, 1857.

[Kir57b] G. Kirchhoff. Ueber die Bewegung der Elektricität in Drähten. *Annalen der Physik*, 100:193–217, 1857. Reprinted in G. Kirchhoff's *Gesammelte Abhandlungen* (Barth, Leipzig, 1882), pp. 131-154.

[Kir57c] G. Kirchhoff. Ueber die Bewegung der Elektricität in Leitern. *Annalen der Physik*, 102:529–544, 1857. Reprinted in G. Kirchhoff's *Gesammelte Abhandlungen* (Barth, Leipzig, 1882), pp. 154-168.

[Kir57] F. Kirchner. Determination of the velocity of light from electromagnetic measurements according to W. Weber and R. Kohlrausch. *American Journal of Physics*, 25:623–629, 1957.

[Kno49] A. E. Knowlton. *Standard Handbook for Electrical Engineers.* McGraw-Hill, New York, 1949.

[KW57] R. Kohlrausch and W. Weber. Elektrodynamische Maassbestimmungen insbesondere Zurückführung der Stromintensitäts-Messungen auf mechanisches Maass. *Abhandlungen der Königl. Sächs. Gesellschaft der Wissenschaften, mathematisch-physische*

*Klasse*, 3:221–290, 1857. Reprinted in Wilhelm Weber's *Werke*, Vol. 3, H. Weber (ed.), (Springer, Berlin, 1893), pp. 609-676.

[LCL88] P. Lorrain, D. R. Corson, and F. Lorrain. *Electromagnetic Fields and Waves*. W. H. Freeman and Co., New York, 3rd edition, 1988.

[Lor04] L. Lorenz. Sur la propagation de l'électricité. In Valentiner, editor, *Oeuvres Scientifiques*, pages 185–239. ., Copenhagen, 1904. Tome 2, 1.

[Mar86] R. d. A. Martins. Ørsted e a descoberta do eletromagnetismo. *Cadernos de História e Filosofia da Ciência*, 10:89–114, 1986.

[Max54] J. C. Maxwell. *A Treatise on Electricity and Magnetism*. Dover, New York, 1954.

[Mik99] V. F. Mikhailov. The action of an electrostatic potential on the electron mass. *Annales de la Fondation Louis de Broglie*, 24:161–169, 1999.

[Mik01] V. F. Mikhailov. Influence of an electrostatic potential on the inertial electron mass. *Annales de la Fondation Louis de Broglie*, 26:33–38, 2001.

[Mik03] V. F. Mikhailov. Influence of a field-less electrostatic potential on the inertial electron mass. *Annales de la Fondation Louis de Broglie*, 28:231–236, 2003.

[Moy89a] P. G. Moyssides. Calculation of the sixfold integrals of the Ampere force law in a closed circuit. *IEEE Transactions on Magnetics*, 25:4307–4312, 1989.

[Moy89b] P. G. Moyssides. Calculation of the sixfold integrals of the Biot-Savart-Lorentz force law in a closed circuit. *IEEE Transactions on Magnetics*, 25:4298–4306, 1989.

[Moy89c] P. G. Moyssides. Experimental verification of the Biot-Savart-Lorentz and Ampere force laws in a closed circuit, revisited. *IEEE Transactions on Magnetics*, 25:4313–4321, 1989.

[Nas85] J. Nasilowski. A note on longitudinal Ampere forces in gaseous conductors. *Physics Letters A*, 111:315–316, 1985.

[Nef81] H. P. Neff Jr. *Basic Electromagnetic Fields.* Harper & Row, New York, 1981.

[New96] I. Newton. *Óptica.* Edusp, São Paulo, 1996. Tradução, introdução e notas de A. K. T. Assis. ISBN: 8531403405.

[Nus97] H. M. Nussenzveig. *Curso de Física Básica*, volume 3 — Eletromagnetismo. Edgard Blücher, São Paulo, 1997.

[O'R65] A. O'Rahilly. *Electromagnetic Theory — A Critical Examination of Fundamentals.* Dover, New York, 1965.

[Ørs86] H. C. Ørsted. Experiências sobre o efeito do conflito elétrico sobre a agulha magnética. *Cadernos de História e Filosofia da Ciência*, 10:115–122, 1986. Tradução de R. d. A. Martins.

[Pap83] P. T. Pappas. The original Ampère force and Biot-Savart and Lorentz forces. *Il Nuovo Cimento B*, 76:189–197, 1983.

[Pap90] P. T. Pappas. The nonequivalence of the Ampère and Lorentz/Grassmann force laws and longitudinal contact interactions. *Physics Essays*, 3:15–23, 1990.

[Pap93] P. T. Pappas. Electrodynamics from Ampere to now: future perspective. In A. Lakhtakia, editor, *Essays on the Formal Aspects of Electromagnetic Theory*, pages 287–309, Singapore, 1993. World Scientific.

[Peo88] V. Peoglos. Measurement of the magnetostatic force of a current circuit on a part of itself. *Journal of Physics D*, 21:1055–1061, 1988.

[PG98] T. E. Phipps, Jr. and J. Guala Valverde. Simulation of Ampèrian current elements by magnetic toroids. *21st Century*, 11:55–65, 1998.

[Phi90a] T. E. Phipps Jr. Toward modernization of Weber's force law. *Physics Essays*, 3:414–420, 1990.

[Phi90b] T. E. Phipps Jr. Weber-type laws of action-at-a-distance in modern physics. *Apeiron*, 8:8–14, 1990.

[Phi92] T. E. Phipps Jr. Derivation of a modernized Weber force law. *Physics Essays*, 5:425–428, 1992.

[Phi93] T. E. Phipps Jr. Ampere tension and Newton's laws. *Apeiron*, 17:1–5, 1993.

[Phi96] T. E. Phipps, Jr. Monte Carlo electrodynamic calculations using the filamentary approximation. *Hadronic Jounal*, 19:273–301, 1996.

[Phi97] T. E. Phipps Jr. Inertial modulation of electrodynamic force. *Physics Essays*, 10:615–627, 1997.

[Phi99] T. E. Phipps Jr. Meditations on action-at-a-distance. In A. E. Chubykalo, V. Pope, and R. Smirnov-Rueda, editors, *Instantaneous Action at a Distance in Modern Physics: "Pro" and "Contra"*, pages 137–155, Commack, 1999. Nova Science Publishers.

[PK74] J. M. Pearson and A. Kilambi. Velocity-dependent nuclear forces and Weber's electrodynamics. *American Journal of Physics*, 42:971–975, 1974.

[PV90] P. T. Pappas and T. Vaughan. Forces on a stigma antenna. *Physics Essays*, 3:211–216, 1990.

[Ros57] L. Rosenfeld. The velocity of light and the evolution of electrodynamics. *Il Nuovo Cimento*, Supplement to vol. 4:1630–1669, 1957.

[Ros81] L. Rosenfeld. Kirchhoff, Gustav Robert. In C. C. Gillispie, editor, *Dictionary of Scientific Biography,* Vol. 7, pages 379–383, New York, 1981. Charles Scribner's Sons.

[RS92] A. E. Robson and J. D. Sethian. Railgun recoil, Ampere tension, and the laws of electrodynamics. *American Journal of Physics*, 60:1111–1117, 1992.

[Sin92] A. K. Singal. On the charge invariance and relativistic electric fields from a steady conduction current. *Physics Letters A*, 162:91–95, 1992.

[Sin93] A. K. Singal. Comment on 'Electric fields from steady currents and unexplained electromagnetic experiments'. *Physical Review E*, 44:4138–4139, 1993.

[Som64] A. Sommerfeld. *Electrodynamics*. Academic Press, New York, 1964.

[Str89a] J. Strnad. On forms of the force law for current elements. *Physics Letters A*, 137:11–12, 1989.

[Str89b] J. Strnad. Stefan's equations of electrodynamics. *European Journal of Physics*, 10:276–280, 1989.

[Ter85a] J. G. Ternan. Equivalence of the Lorentz and Ampere force laws in magnetostatics. *Journal of Applied Physics*, 57:1743–1745, 1985.

[Ter85b] J. G. Ternan. Reply to "Comments on 'Equivalence of the Lorentz and Ampere laws in magnetostatics' " [J. Appl. Phys. 57, 1743 (1985)]. *Journal of Applied Physics*, 58:3639, 1985.

[Ter86] J. G. Ternan. Stresses in rapidly heated wires. *Physics Letters A*, 115:230–232, 1986.

[Tri65] R. A. R. Tricker. *Early Electrodynamics — The First Law of Circulation*. Pergamon, Oxford, 1965.

[Web46] W. Weber. Elektrodynamische Maassbestimmungen — Über ein allgemeines Grundgesetz der elektrischen Wirkung. *Abhandlungen bei Begründung der Königl. Sächs. Gesellschaft der Wissenschaften am Tage der zweihundertjährigen Geburtstagfeier Leibnizen's herausgegeben von der Fürstl. Jablonowskischen Gesellschaft (Leipzig)*, pages 211–378, 1846. Reprinted in Wilhelm Weber's *Werke*, Vol. 3, H. Weber (ed.), (Springer, Berlin, 1893), pp. 25-214.

[Web48] W. Weber. Elektrodynamische Maassbestimmungen. *Annalen der Physik und Chemie*, 73:193–240, 1848. Reprinted in Wilhelm Weber's *Werke*, Vol. 3, H. Weber (ed.), (Springer, Berlin, 1893), pp. 215-254.

[Web52a] W. Weber. Elektrodynamische Maassbestimmungen insbesondere über Diamagnetismus. *Abhandlungen der Königl. Sächs. Gesellschaft der Wissenschaften, mathematisch-physische Klasse*, 1:485–577, 1852. Reprinted in Wilhelm Weber's *Werke*, Vol. 3, H. Weber (ed.), (Springer, Berlin, 1893), pp. 473-554.

[Web52b] W. Weber. Elektrodynamische Maassbestimmungen insbesondere Widerstandsmessungen. *Abhandlungen der Königl. Sächs. Gesellschaft der Wissenschaften, mathematisch-physische Klasse*, 1:199–

381, 1852. Reprinted in Wilhelm Weber's *Werke*, Vol. 3, H. Weber (ed.), (Springer, Berlin, 1893), pp. 301-471.

[Web55] W. Weber. Vorwort bei der Übergabe der Abhandlung: *Elektrodynamische Maassbestimmungen, insbesondere Zurückführung der Stromintensitäts-Messungen auf mechanisches Maass. Berichte über die Verhandlungen der Königl. Sächs. Gesellschaft der Wissenschaften zu Leipzig, mathematisch-physische Klasse*, 17:55–61, 1855. Reprinted in Wilhelm Weber's *Werke*, Vol. 3, H. Weber (ed.), (Springer, Berlin, 1893), pp. 591-596.

[Web64] W. Weber. Elektrodynamische Maassbestimmungen insbesondere über elektrische Schwingungen. *Abhandlungen der Königl. Sächs. Geselschaft der Wissenschaften, mathematisch-physische Klasse*, 6:571–716, 1864. Reprinted in Wilhelm Weber's *Werke*, Vol. 4, H. Weber (ed.), (Springer, Berlin, 1894), pp. 105-241.

[Web71] W. Weber. Elektrodynamische Maassbestimmungen insbesondere über das Princip der Erhaltung der Energie. *Abhandlungen der Königl. Sächs. Gesellschaft der Wissenschaften, mathematisch-physische Klasse (Leipzig)*, 10:1–61, 1871. Reprinted in Wilhelm Weber's *Werke*, Vol. 4, H. Weber (ed.), (Springer, Berlin, 1894), pp. 247-299.

[Web72] W. Weber. Electrodynamic measurements — Sixth memoir, relating specially to the principle of the conservation of energy. *Philosophical Magazine*, 43:1–20 and 119–149, 1872.

[Web78] W. Weber. Elektrodynamische Maassbestimmungen insbesondere über die Energie der Wechselwirkung. *Abhandlungen der Königl. Sächs. Gesellschaft der Wissenschaften, mathematisch-physische Klasse, (Leipzig)*, 11:641–696, 1878. Reprinted in Wilhelm Weber's *Werke*, Vol. 4, H. Weber (ed.), (Springer, Berlin, 1894), pp. 361-412.

[Web94a] W. Weber. *Wilhelm Weber's Werke*, W. Voigt, E. Riecke, H. Weber, F. Merkel and O. Fischer (editors), volume 1 to 6. Springer, Berlin, 1892-1894.

[Web94b] W. Weber. Elektrodynamische Maassbestimmungen insbesondere über den Zusammenhang des elektrischen Grundgesetzes mit dem Gravitationsgesetze. In H. Weber, editor, Wilhelm Weber's *Werke*, Vol. 4, pages 479–525, Berlin, 1894. Springer.

[Web66] W. Weber. On the measurement of electro-dynamic forces. In R. Taylor, editor, *Scientific Memoirs*, Vol. 5, pages 489–529, New York, 1966. Johnson Reprint Corporation.

[Web07] W. Weber, 2007. Determinations of electrodynamic measure: concerning a universal law of electrical action, 21st Century Science & Technology, traduzido para a língua inglesa por S. P. Johnson, editado por L. Hecht e A. K. T. Assis. Disponível desde março de 2007 em: <http://www.21stcenturysciencetech.com/translation.html>.

[Web08] W. Weber, 2008. Determinations of electrodynamic measure: particularly in respect to the connection of the fundamental laws of electricity with the law of gravitation, 21st Century Science & Technology, traduzido para a língua inglesa por G. Gregory, editado por L. Hecht e A. K. T. Assis. Disponível desde novembro de 2008 em: <http://www.21stcenturysciencetech.com/translation.html>.

[Wes87a] J. P. Wesley. Ampere's original force law compared with the Moyssides-Pappas results. In J. P. Wesley, editor, *Progress in Space-Time Physics 1987*, pages 170–180, Blumberg, 1987. Benjamin Wesley Publisher.

[Wes87b] J. P. Wesley. Weber electrodynamics extended to include radiation. *Speculations in Science and Technology*, 10:47–61, 1987.

[Wes89] J. P. Wesley. On Peoglos' measurement of the force on a portion of a current loop due to the remainder of the loop. *Journal of Physics D*, 22:849–850, 1989.

[Wes90a] J. P. Wesley. Weber electrodynamics, Part I. General theory, steady current effects. *Foundations of Physics Letters*, 3:443–469, 1990.

[Wes90b] J. P. Wesley. Weber electrodynamics, Part II. Unipolar induction, Z-antenna. *Foundations of Physics Letters*, 3:471–490, 1990.

[Wes90c] J. P. Wesley. Weber electrodynamics, Part III. Mechanics, gravitation. *Foundations of Physics Letters*, 3:581–605, 1990.

[Wes91] J. P. Wesley. *Selected Topics in Advanced Fundamental Physics*. Benjamin Wesley Publisher, Blumberg, 1991.

[Whi73] E. T. Whittaker. *A History of the Theories of Aether and Electricity*, volume 1: *The Classical Theories*. Humanities Press, New York, 1973.

[Wie93a] K. H. Wiederkehr. Das Experiment von Wilhelm Weber und Rudolf Kohlrausch 1855 und Maxwells elektromagnetische Lichttheorie. In W. Schröder, editor, *The Earth and the Universe (A Festschrift in honour of Hans-Jürgen Treder)*, pages 452–463. Interdivisional Commission on History of the International Association of Geomagnetism and Aeronomy, Bremen-Rönnebeck, 1993.

[Wie93b] K. H. Wiederkehr. W. Weber und die Entwicklung der Elektrodynamik. In G. Berg, W. Eisenberg, W. Hergert, and W. Schreier, editors, *II. Weber — Symposium Die Gebrüder Weber — Wegbereiter interdisziplinärer Forshcung in Halle und Leipzig am 16. Oktober und 18. November 1993*, pages 39–54. Fachbereich Physik der Martin-Luther-Universität Halle-Wittenberg und Wilhelm-Weber-Gesellschaft e. V., 1993.

[Wie93c] K. H. Wiederkehr. Wilhelm Weber und die Entwicklung in der Geomagnetik und Elektrodynamik. In G. Berg, W. Eisenberg, W. Hergert, and H. Thieme, editors, *I. Weber — Symposium anläßlich des 100. Todestages W. Webers in Halle und Wittenberg am 20. und 21. Juni 1991*, pages 1–14. Fachbereich Physik der Martin-Luther-Universität Halle-Wittenberg und Wilhelm-Weber-Gesellschaft e. V., 1993.

[Wie94] K. H. Wiederkehr. Wilhelm Weber und Maxwells elektromagnetische Lichttheorie. *Gesnerus, Part. 3/4*, 51:256–267, 1994.

[Wie01] K. H. Wiederkehr. Das Gauß-Observatorium für Erdmagnetismus und das erste Polarjahr 1882-1883. *Gauß-Gesellschaft, Mitteilungen*, 38:29–47, 2001.

[Wie04] K. H. Wiederkehr. Ein bisher unveröffentlichter Brief von Rudolf Kohlrausch an Andreas v. Ettingshausen von 1854, das Kohlrausch-Weber-Experiment von 1854/55 und die Lichtgeschwindigkeit in Wilhelm Webers Elektrodynamik. *NTM International Journal of History and Ethics of Natural Sciences, Technology and Medicine*, 12:129–145, 2004.

[Wie07] K. H. Wiederkehr. Über Vorstellungen vom Wesen des elektrischen Stromes bis zum Beginn der Elektronentheorie der Metalle. In G. Wolfschmidt, editor, *"Es gibt für Könige keinen besonderen Weg zur Geometrie" — Festschrift für Karin Reich*, pages 299–308. Dr. Erwin Rauner Verlag, Augsburg, 2007.

[Wis81] M. N. Wise. German concepts of force, energy, and the electromagnetic ether: 1845–1880. In G. N. Cantor and M. J. S. Hodge, editors, *Conceptions of Ether — Studies in the History of Ether Theories 1740–1900*, pages 269–307, Cambridge, 1981. Cambridge University Press.

[WK56] W. Weber and R. Kohlrausch. Über die Elektricitätsmenge, welche bei galvanischen Strömen durch den Querschnitt der Kette fliesst. *Annalen der Physik und Chemie*, J. C. Poggendoff (ed.), 99:10–25, 1856. Reprinted in Wilhelm Weber's *Werke*, Vol. 3, H. Weber (ed.), (Springer, Berlin, 1893), pp. 597-608.

[WK68] W. Weber and R. Kohlrausch. Über die Einführung absoluter elektrischer Maße. In S. Balke, H. Gericke, W. Hartner, G. Kerstein, F. Klemm, A. Portmann, H. Schimank, and K. Vogel, editors, *Ostwalds Klassiker der exakten Wissenschaften*, new series, Vol. 5. Friedrich-Vieweg & Sohn, Braunschweig, 1968. Commented by F. Kohlrausch and K. H. Wiederkehr.

[WK03] W. Weber and R. Kohlrausch. On the amount of electricity which flows through the cross-section of the circuit in galvanic currents. In F. Bevilacqua and E. A. Giannetto, editors, *Volta and the History of Electricity*, pages 287–297. Università degli Studi di Pavia and Editore Ulrico Hoepli, Milano, 2003. Traduzido por S. P. Johnson. Disponível em: `<www.ifi.unicamp.br/~assis>`.

[WK08] W. Weber and R. Kohlrausch. Sobre a quantidade de eletricidade que flui através da seção reta do circuito em correntes galvânicas. *Revista Brasileira de História da Ciência*, 1:94–102, 2008. Traduzido por A. K. T. Assis.

[Woo68] A. E. Woodruff. The contributions of Hermann von Helmholtz to electrodynamics. *Isis*, 59:300–311, 1968.

[Woo81] A. E. Woodruff. Weber, Wilhelm Eduard. In C. C. Gillispie, editor, *Dictionary of Scientific Biography*, Vol. 14, pages 203–209, New York, 1981. Charles Scribner's Sons.

Made in the USA
Monee, IL
04 November 2026

67376791R00118